人类如何发现地球的形状

[苏] 阿纳托利·托米林 / 著
[苏] 尤里·斯莫尔尼科夫 / 绘
赵致真 / 译

长江出版传媒
长江少年儿童出版社

图书在版编目（CIP）数据

人类如何发现地球的形状 /（苏）阿纳托利·托米林著；赵致真译. -- 武汉：长江少年儿童出版社，2025.
1. -- （北极熊科普佳作丛书 / 赵致真主编）. -- ISBN 978-7-5721-5401-0

Ⅰ．P183-49

中国国家版本馆 CIP 数据核字第 202452DY73 号

北极熊科普佳作丛书·人类如何发现地球的形状
BEIJIXIONG KEPU JIAZUO CONGSHU · RENLEI RUHE FAXIAN DIQIU DE XINGZHUANG

出 品 人：何 龙
策　　划：何少华　傅 篪　谢瑞峰
责任编辑：罗 曼
责任校对：邓晓素
出版发行：长江少年儿童出版社
业务电话：027-87679199
网　　址：http://www.cjcpg.com
承 印 厂：武汉精一佳印刷有限公司
经　　销：新华书店湖北发行所
规　　格：720 毫米 ×970 毫米　16 开
印　　张：5.5
字　　数：62 千字
版　　次：2025 年 1 月第 1 版
印　　次：2025 年 1 月第 1 次印刷
书　　号：ISBN 978-7-5721-5401-0
定　　价：27.00 元

本书如有印装质量问题，可联系承印厂调换。

编撰人员

策　　划：雷元亮　武际可

顾　　问：卞毓麟　金振蓉　尹传红

主　　编：赵致真

编委会

战　钊　胡珉琦　陈　静　傅　篯

彭永东　张　戟　梁　伟　高淑敏

武汉广播电视台《科技之光》

NOUVELLE

avec la representation des deux Emispheres Celestes, les Disques des Planetes. Dédiéa à Messire BERTRAND RENÉ PALLU, Intendant de la

Disque du Soleil.

Hemisphere de la Terre éclairée par le Soleil ou clarté d'Été.

Sisteme de Copernique.

Pole du Firmament.

Sisteme de Ticobrahe.

Eclipse du Soleil.

MER DU SUD ou MER PACIFIQUE

MAPPE-MONDE
du Soleil, et de la Lune, et les diferents sentiments sur le mouvem[ent]
Ville et Generalité de Lyon, par son très humble et obeis.[san]t serviteur BAILLEUL

BOREALE

MER DU SUD

NOUVELLE HOLLANDE

DES INDES

TERRES AUSTRALES INCONNUES

Cercle Polaire

ANTARCTIQUE POLE

AFRIQUE

[AU]STRALE

Disque de la Lune

Hemisphere

Sisteme de Ptolomée

Sisteme de Descartes

Eclipse de Lune

前 言

老人在外面遇到好吃的东西，总想带回去给孩子们尝尝。如果碰巧遇到自己小时候最喜爱的美食，而且市面上已经多年罕见，就更会兴奋不已和留恋不舍——我这几年来忙着张罗出版"北极熊科普佳作丛书"，心情便大抵如此。

1956年，我在武汉市第二十一中学读初中，每天下午4点放学后，便急急赶到对面的武汉图书馆。阅读的内容丰富而单纯，全是清一色的苏联科普读物。管理员阿姨也对我这个痴迷的小读者另眼相看，总能笑眯眯地把我前一天没读完的书取过来。每逢当月的《知识就是力量》《科学画报》出版，或者图书馆进了新书，管理员阿姨便拿给我先睹为快。正是其中的苏联科普作品，开阔了我少年时的眼界和心胸，启发了我最早的疑问和思考，培养了我对科学终生的兴趣和热爱。我对苏联科普作品的"情结"是其来有自的。

有次和叶永烈老师闲聊，原来他也曾经是苏联科普大师伊林和别莱利曼的忠实粉丝。后来我才知道，我国的科普前辈高士其、董纯才、陶行知、顾均正等，无不深受苏联科普作品的熏染。饮水思源，寻根返本，正是苏联科普作品哺育过中国一代科普人。

此后随着世事变迁，苏联科普作品在中国几乎销声匿迹了。待到改革开放，我们科普出版界的主要兴趣和目光投向了美国、英国。我自己也是阿西莫夫、萨根、霍金的热烈追捧者。而苏联在1991年解体，加上我国俄语人才锐减，苏联科普作品在中国就更是清水冷灶，鲜见寡闻了。

也算是机缘巧合，当我从事科普写作需要查阅大量资料文献时，"淘书"嗜好的"主场"渐渐转到了互联网。经过多年积累，我的磁盘里已经储存了万余册电子书。出乎意料的是，我竟然通过不同方式和渠道，陆续获得了近千本苏联科普书籍，而且全是英语版。可见当年苏联多么重视国际文化交流。

久违如隔世，阔别一花甲！我在电脑上遍览这些"倘来之宝"，大有重逢故知的感慨。苏联科普作品的风格和特色我一时总结不出来，却能立刻体验到稔熟的气息和味道。这些作品大都出版于20世纪70至80年代，当时苏联和美国的科技并驾齐驱，也是苏联解体前科普创作的黄金岁月。如此重要的历史阶段，如此大量的文明成果，在中国却少有记载，无论出于怎样的阴差阳错，都是一种缺失和遗憾。

姑且不谈中国科普出版物的时代连续性和文化完整性，应该补上这个漏洞和短板，但说纠正青少年精神营养的长期偏食，提高科普图书的均衡性和多样性，也是非常必要的。在美、英科普读物之外，我们还应该展现更多的流派和传统，提供其他的参照系和信息源。

诚然，几十年间人类的科技发展一日千里，但关于科学史、科学家、科学基本原理和思想方法的书籍不会过时。我特别欣赏苏联科普作品知识性和可读性的统一：浓郁深切的人文情怀，亦庄亦谐的高尚情趣，触类旁通的广度厚度，推心置腹的平等姿态。尤其是那些美不胜收、过目难忘的生动插图，大都出自懂得科学的著名画家之手，令人不由怀念起中国科普画家缪印堂先生。

最初我选定的"北极熊科普佳作丛书"是50本，分为"高中卷""初中卷""小学卷""学前卷"。感谢中国出版协会理事长邬书林、广电总局老领导雷元亮鼎力支持、指津解难；中国文字著作权协会帮助寻找版权人，并代为提存预支稿酬；科普界师友武际可、卞毓麟、尹传红等同心协力、出谋划策；长江少年儿童出版社何龙社长则独具慧眼、一力担当。我们决定按照"低开、广谱、彩图"的标准，首次出13册，先投石探路，再从长计议。并从封面到封底，保持原汁原味的版式，以便读者去权衡得失和斟酌损益。

在这13本小书即将付梓之际，原书作者都已去世，原出版社也消失了，连国家都解体了，作品却成为永恒的独立生命。这就是书籍的力量。

此时，我又感觉自己更像一只义不容辞的蜜蜂，在伙伴面前急切而笨拙地跳一通8字舞，来报告发现花丛的方向和路径。

赵致真
2021年8月于北京

目录

简　介 /1

第一章 /3
　　整个地球，我的家园 /5
　　为什么人们离开他们生息的地方 /7
　　人类如何学会了群居 /9
　　最早的旅行 /11

第二章 /13
　　人们怎样想象地球是平的 /15
　　贤哲之邦 /19
　　为什么腓尼基人认为地球是拱形的 /23
　　谁最早提出地球是圆的 /27

第三章 /31
　　谁是第一个测量地球的人 /33
　　大倒退 /38

第四章 /43
　　谁发明了地图 /45
　　阿拉伯地理学家的银质地图 /48
　　为足不出户者绘制的地图 /50
　　为远行者绘制的地图 /53

第五章 /59
　　从地图到地球仪 /61
　　地球仪的历史 /65

第六章 /69
　　我们的地球有多大 /71
　　地球像甜瓜还是像苹果 /73

结　语 /77

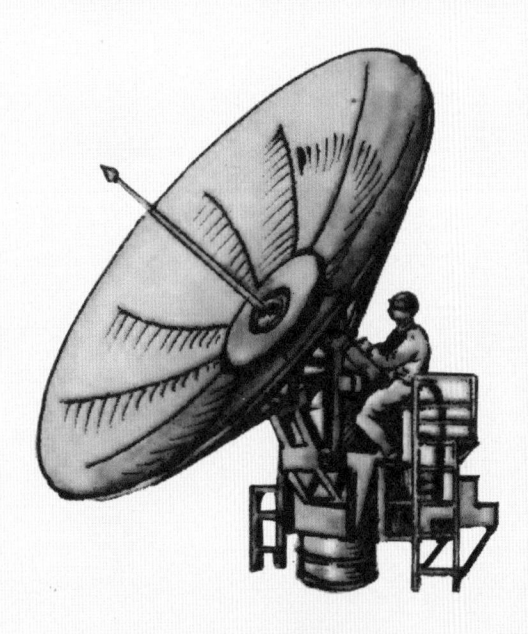

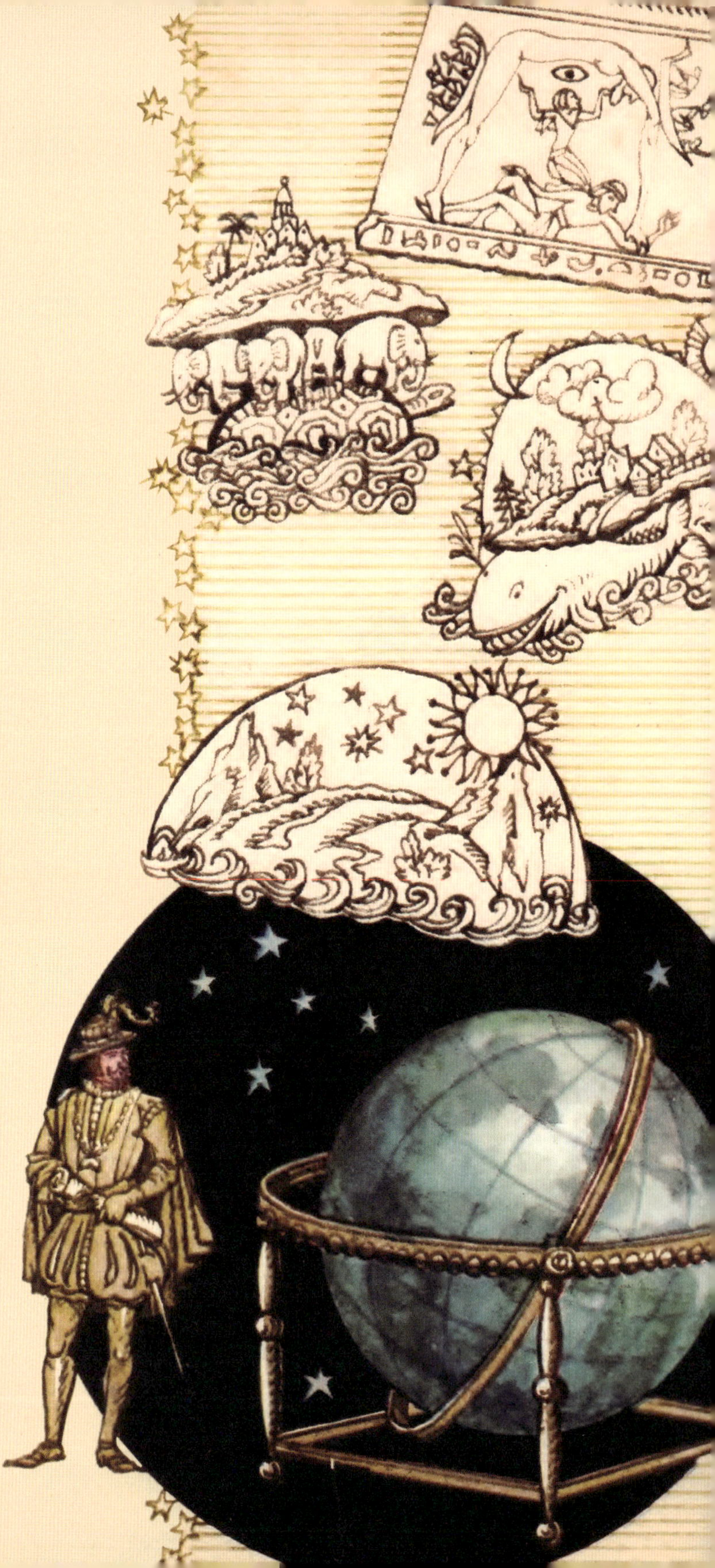

简介

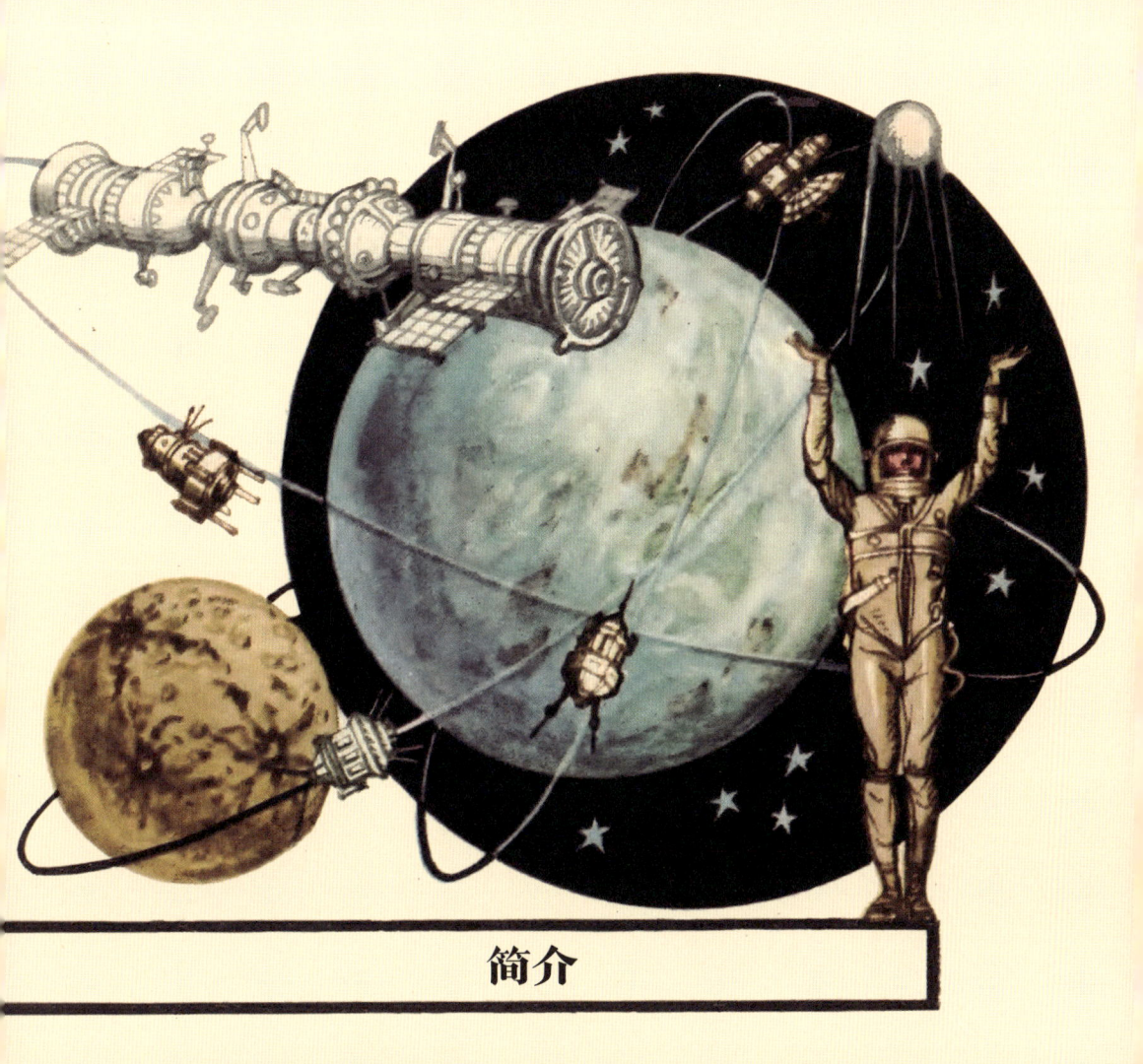

地球的形状是什么样的呢？

真是多此一问，还用说吗？世界是球形的，是圆的。

对于我和你来说，这的确是尽人皆知的。我们是20世纪的人。草是绿的，天是蓝的，地球是圆的，我们从小就知道。但这一切真的那么昭然若揭吗？

出门到乡间去，走向最广阔的田野中央，直至你目光所及，是伸向远方地平线的花光草色。它们看起来像圆的吗？你能看到隆起吗？不。它展现在你面前，就像煎饼一样平摊着，直到天边。每一处灌丛和树木，每一个土岗和小丘都清晰可见。那么，谁说世界是圆的呢？

当计算机根据来自卫星的信息计算地球表面时，人们发现我们星球的形状并不那么简单。它有些像一只梨。

北半球向极点稍稍伸展，而南半球则微微缩进。地球表面有凹陷和凸起。如果你能沿着赤道把地球从中间切开，会得到一个有点不严整的圆。所以它约略像一只梨，而且有些歪扭。这个形状应该叫什么呢？

科学家们尝试了各种命名。最后他们选取了"大地水准面"。它由"geo"（希腊语中的"地球"）和"eidos"（希腊语中的"看见"）组成。所以它真正的意思是"像地球一样"。事实上，地球是个稍微不完美的球体。

人们如何发现这一点，是个漫长而有趣的故事。这就是本书的全部内容。

第一章

整个地球,我的家园

为什么人们离开他们生息的地方

人类如何学会了群居

最早的旅行

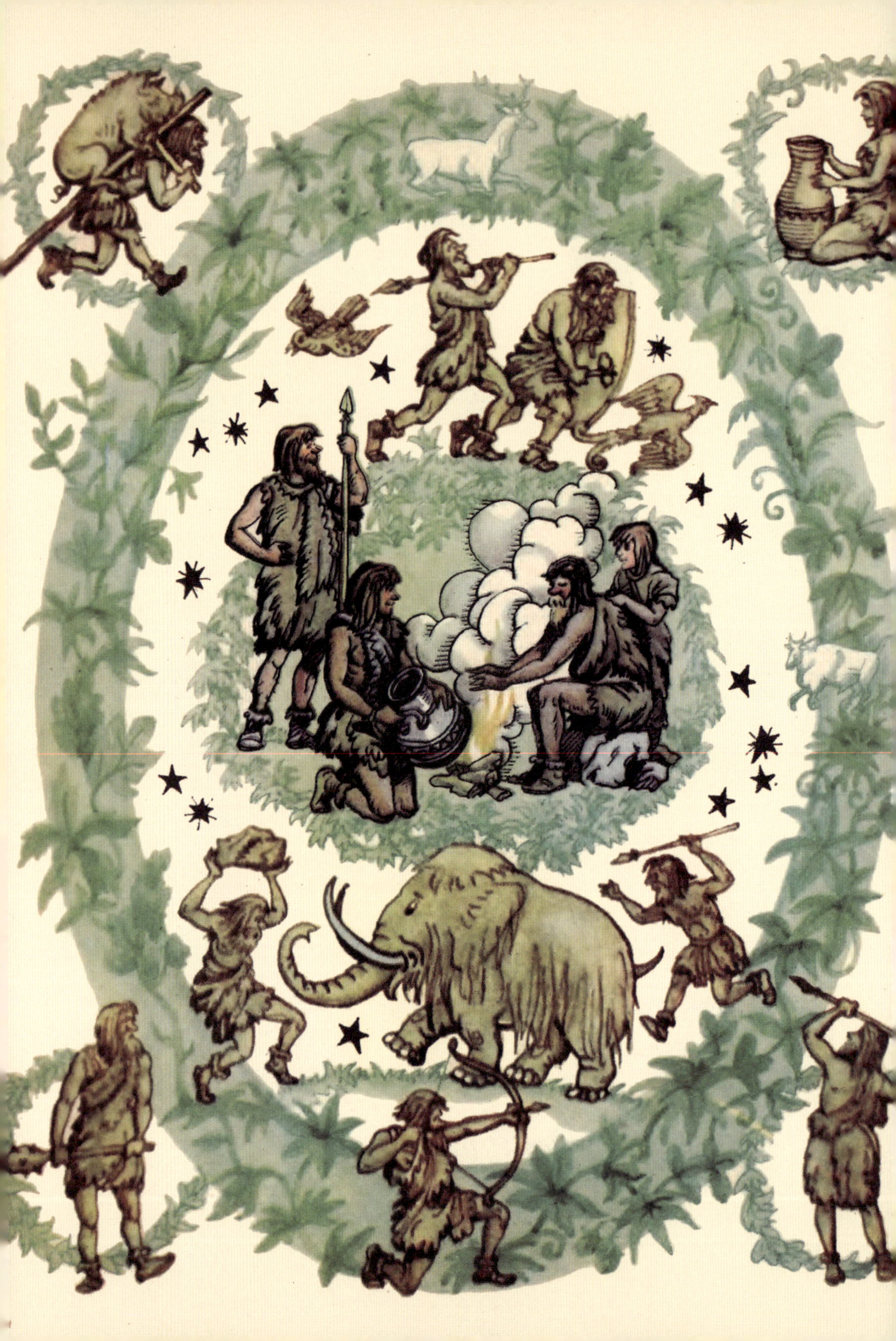

整个地球，我的家园

数百万年前，最早的人类出现在地球上。100万是个非常大的数字。如果你1秒钟数一个数，就必须不吃饭，不睡觉，不做功课，不干任何事情，一口气数上11天13小时46分41秒。

在远古时代，地球上的人很少。与生活在田野和森林中的动物相比，人类是弱小的。他们没有锋利的牙齿和爪子抵御猛兽，也没有特殊技能捕捉猎物。他们没有厚厚的毛皮保暖，没有翅膀飞翔，也没有长腿逃避森林火灾或春季洪水。他们所拥有的，只是一个稍微大些的大脑和从经验中学习的能力。

他们的生活艰辛，整天忙于采集根实和寻觅百草，捕捞鱼虾和猎逐走兽，不遗余力而不遗巨细。

人们群居在大家庭中：母亲，父亲，孩子，祖母和祖父，姑姨和叔伯，侄儿和侄女，一个完整的家门亲族。

夜幕降临，人们把采集的各种食物带回他们居住的山洞，在那里围着篝火，分享美味，肆口而食。

第二天早晨，他们重新开始。如果当日收获颇丰，那便百事大吉。明天会有足够的工夫考虑下一天的食物。

在很长一段时间里，原始人只能用骨头、木头或石头来制造他们劳动和狩猎的工具。做一把石斧或石刀是个苦活。

首先，人们必须找到一块合适的石料。这可能

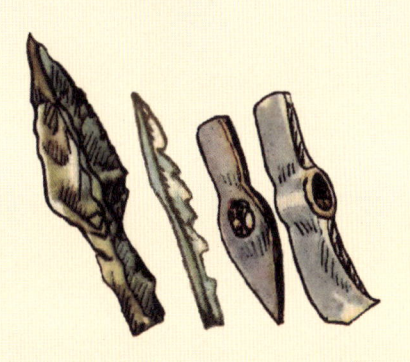

要花很长时间，并且走很多路才能找到它。但没有人敢于离开小屋周围太远，因为害怕迷路。

他们经常在山涧找到石头，那里湍急的水流将岩石碎片打磨成光滑的圆形鹅卵石。海边也能找到。有时候，原始人会发现石料无法分解。如果放在两块大石头之间长时间捶打，它可能会被砸扁。人们把这种材料打成细条用来做刀，打成粗条用来做斧。这些工具是可以磨尖磨利的。你猜到了吗？当然，是金属。铜、金，有时是银。一个世纪又一个世纪，生生不息，一成不易。然而变化却在发生，尽管非常非常缓慢。人们从经验中获得点滴知识，并且世代相传。但是没有人想过地球有多大。

那时候的世界，看上去非常宽广辽阔。对于没有船的原始人来说，即便是河流和湖泊也无比巨大。他们唯一的交通工具是两条腿。所以草原、森林和平原都显得非常浩茫，山脉不可逾越。在没有公路和轨道的条件下，靠着步行能在陆地上走多远呢？无疑是令人生畏的。野兽潜伏在森林和平原，危险的鱼躲藏在水中，等待着吞噬漫不经心的人。一个旅行者可能幸存下来，但仍然会心有余悸。所以人们尽可能地守在家门口。对于原始人来说，他们的住地和最近的邻居，就是他们的整个世界。

为什么人们离开他们生息的地方

学者告诉我们，最早的人类生活在非洲、亚洲和欧洲的部分地区。因为这里是发现最早原始人遗迹的地方，有骨骸和粗糙的工具。而美洲和澳大利亚却没有类似的发现。这是否意味着人们后来才迁徙到了那些地方？如果是，那么为什么？是什么原因使他们搬家？他们又是如何漂洋过海的？

原因应该是多样的。主要是为了寻找食物。原始人中的猎手对兽群跟踪追迹，动物走到哪里，人们就尾随而至。有些家庭迁居，是为了逃避恶邻的攻击。有时候，地球自身就把人和动物逐出了家园。

科学家们发现，在地球的历史上有几个时期，温暖的气候变得寒冷，此后再度转暖。我们无法确切知道这种现象为什么会发生。主要原因可能是地球内部的强大力量被唤醒。可怕的地震让海沸山摇，把地面折叠起来。新的山脉隆起，还有火山爆发。大地被深深的断层和峡谷撕裂。火山向空中喷出大量火山灰，使空气不再透明。浓厚的乌云长时期隐天蔽日。天气也变得越来越冷。

然而，一些科学家说，太阳本身的光亮有时也会降低，发出的热量减少。但不管何种原因，高原上形成了冰川。海洋中的水蒸发出来变成了雪，将绿色的山谷披上厚厚的银装。

山上的冰川越积越厚，海洋的水越来越少。

在较浅的部分，海床变成了旱地。于是陆桥连接起了各大洲。最漫长和严酷的冰河时期，远在地球上出现人类之前。

但它并非唯一的原因。

重力使冰川缓慢地向山谷滑动。寒冷驱赶着食草动物，猛兽必须随踵而去，人类只能亦步亦趋。

动物和捕猎者都能够通过陆桥从亚洲到达美洲。人们也可能通过南中国海裸露的海底和岛屿，迁移到澳大利亚。冰河时期持续了数千年，但即使如此，也并非永恒。

渐渐地，厚重的乌云散去，太阳回归如初。温暖的光辉将冰雪融化，让冰川消退。大地再次长满绿草，新的森林茁壮生长。猛犸象、犀牛、大角鹿、马和麝牛，大型动物开始迁回肥美的草原。猎人也再次随之拔营转移。

太阳的光线变得更暖了。深而湍急的河流注入海洋。水涨了，淹没了陆桥，切断了由此通过者的归途，让他们永远留在了彼岸。

冰河时期，随后是温暖时期，轮回过不止一次。

动物和人类每次都因寒冷和饥饿而向北或向南迁徙。一切都在运动中：动物和人类，全都搬到新的地方。其中的许多在途中死去，但许多幸存了下来。

每一次迁徙都给人类的生活带来了新的东西。

人类如何学会了群居

打猎是个好营生,但未必很可靠。有一天你会很走运,有一天又背运。但你必须每天吃饭。

能够做点什么,让狩猎变得更容易?

好吧,有时候,有些人,设法驯服了一只狗。当然,狗让狩猎变得更容易。狗可以追捕猎物,人只用跟着它。自己得到皮和肉,把骨头和内脏留给这个四足助手。

随后,人们尝试驯服其他动物。这不大容易。但最终还是做到了。

采集根茎和谷物并不总是尽如人意,因为很难随时在附近找到足够的东西。但碰巧女人们注意到,如果在河岸的淤泥里种下种子,植物会比其他地方长得更加茁壮茂盛。

谷穗更肥大,籽粒更饱满。比起到处寻找单株独穗,更便于收获。因为它们就生长在你种植的地方。于是,人们学会了将种子埋在淤泥中。

庄稼长得更好,种子不会被鸟儿吃掉。农业就是这样开始的。养牛和耕作使人们更加富裕,但生活也变得更加复杂。许多不同的事情需要做,打猎、放牛、耕田,还要制作锅罐、工具和武器。一个小家庭不可能总是样样俱全。于是人们开始打起主意和邻居合作。

家庭变成了部落。无论如何,大群体更加安全,更有保障。但在有些方面,生活变得更困难了。家族中应该如何分工?谁应该做什么?猎物和产品又该如何分配?

人们决定选出最聪明的人进入部落委员会。每个家庭派出代表,一户不遗。有时候,几个部落也可能联合起来,开展大型捕猎或发动征战。然而,对于农业,合作必须更加井然有序。排干沼泽营造良田,开挖水渠修筑堤坝,都需要齐心协力。江河湖泊不理会人类划定的边界。在河流的上游,人们可能蒙受干旱,而在下游又可能遭遇洪水。只有合作才能改善双方的生活。

人们花了很长时间才认识到这一点。但他们确实学会了。渐渐地,在人类最早出现在地球上很久很久之后,第一个国家诞生了。

当然,整个过程非常复杂。

简言之,顺势而为是必由之路。

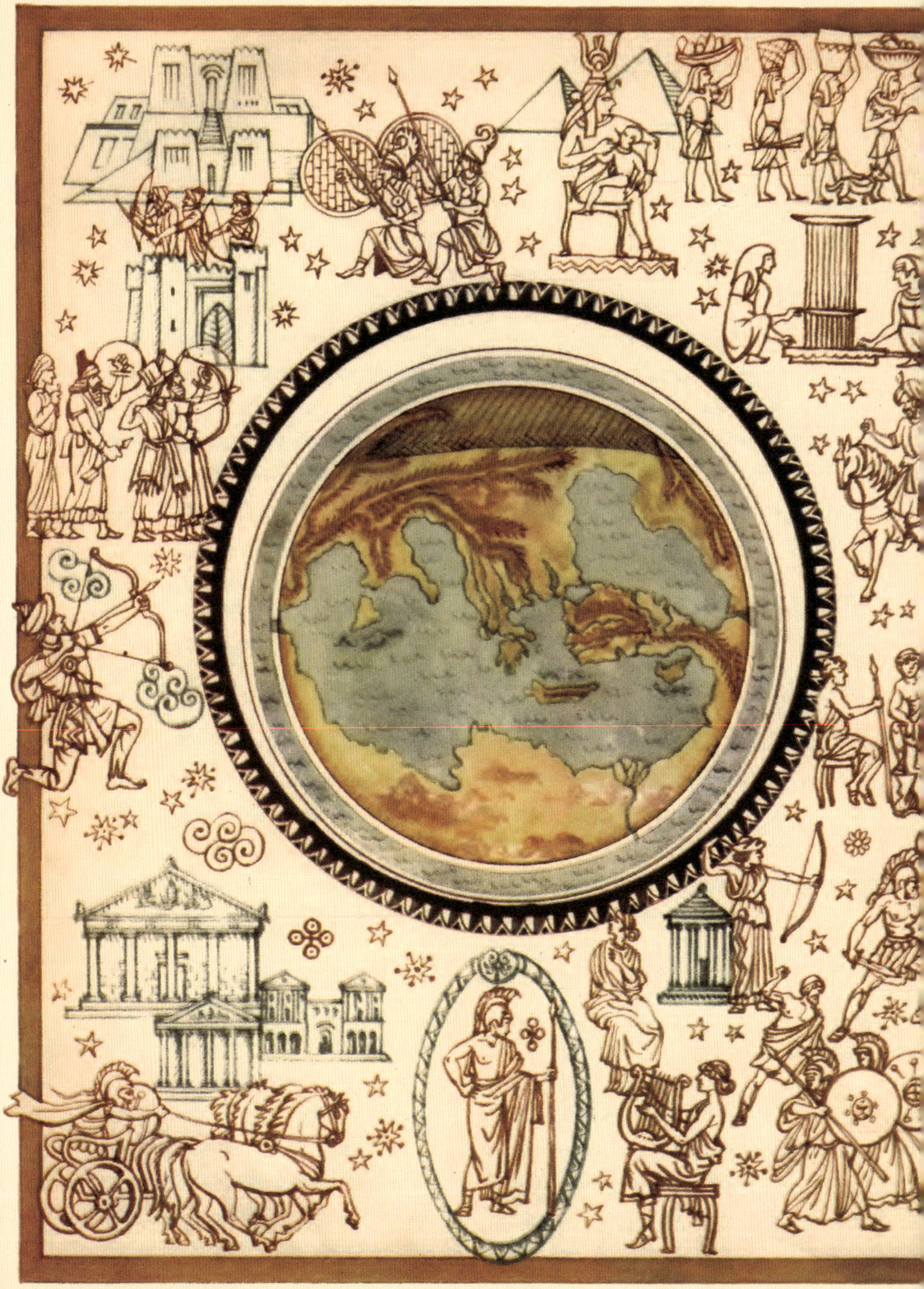

最早的旅行

历史学家告诉我们，最早的文明发源于河谷。他们无法确定准确的时间，但似乎很可能在美索不达米亚南部，底格里斯河和幼发拉底河平原。也许在印度最大的河流印度河和恒河，或者埃及的尼罗河谷。在这些地区，人们比大多数其他地区的人更早地学会了耕耘和播种，并懂得浇灌田园、测量土地和修建运河。这些地方的人也更早知道如何从矿石中冶炼金属，如何建造高大的房屋。

并非所有地方都拥有相同的自然资源。一个地区可能有很多矿石，但几乎没有盐。在另一个地方则可能恰恰相反。一镇一村的人生产美丽的织物；另一些人擅长制作餐具。于是人们开始用他们多余的东西来换取他们需要的东西。他们带着各自的物品当面交易，商人就这样出现了。

这些商人是聪明人。他们注意到那些敢于高飞远走的人，归来时利润更大。于是就有了第一次贸易之旅。很快人们就需要知道其他人住在何处，他们的什么东西多，他们需要什么。

地中海之滨，是世界上最早的人烟生聚之所。自从原始时代，许多不同的民族就挤满了地中海岸。地球上最古老、高度发达的

文明之一——古希腊文明，就起源于这一地区。

　　古希腊人和他们的哲学家、科学家给我们留下了丰富的遗产。他们也是最早的地图制作者之一。他们把世界描绘成海中的一个大岛，被波涛汹涌的汪洋所包围，没有起始也没有尽头。

　　古希腊人称这个陆地岛屿为"奥库梅努斯"，意思是"人类居住的土地"。亚洲的一些地区、印度、中国和英国也人口稠密。但数千千米的距离，绵延的山脉和浩瀚的沙漠，将它们与地中海隔开。很少有人不畏舟车之劳，把货物运往迢迢远方。

　　有的人真去了，回家后，讲述他们所见到的许多美好国家和人民。旅行者带回了关于印度财富的故事，这是一片"撒满黄金和珠宝"的土地。他们所描述的原野，有数不清的马群和比人高的茂草。中亚的能工巧匠用无价的金属制成超凡的武器。在遥远的英国，锡石多么丰富啊，这对于制造青铜器必不可少。

　　在那个时代，每一次出海、每一次旅程都是一个事件。勇敢的旅行者的名字已经载入史册。还有很多关于他们的歌曲和传说。多年来，他们浪迹天涯的故事口耳相传。因为很少有其他事，像异国异族的旅行见闻那样引人入胜。也许正是在这样的时刻，聆听者和讲述者都想知道："我们的地球是什么样子？有没有极限，有没有尽头？"

第二章

人们怎样想象
地球是平的

贤哲之邦

为什么腓尼基人
认为地球是拱形的

谁最早提出
地球是圆的

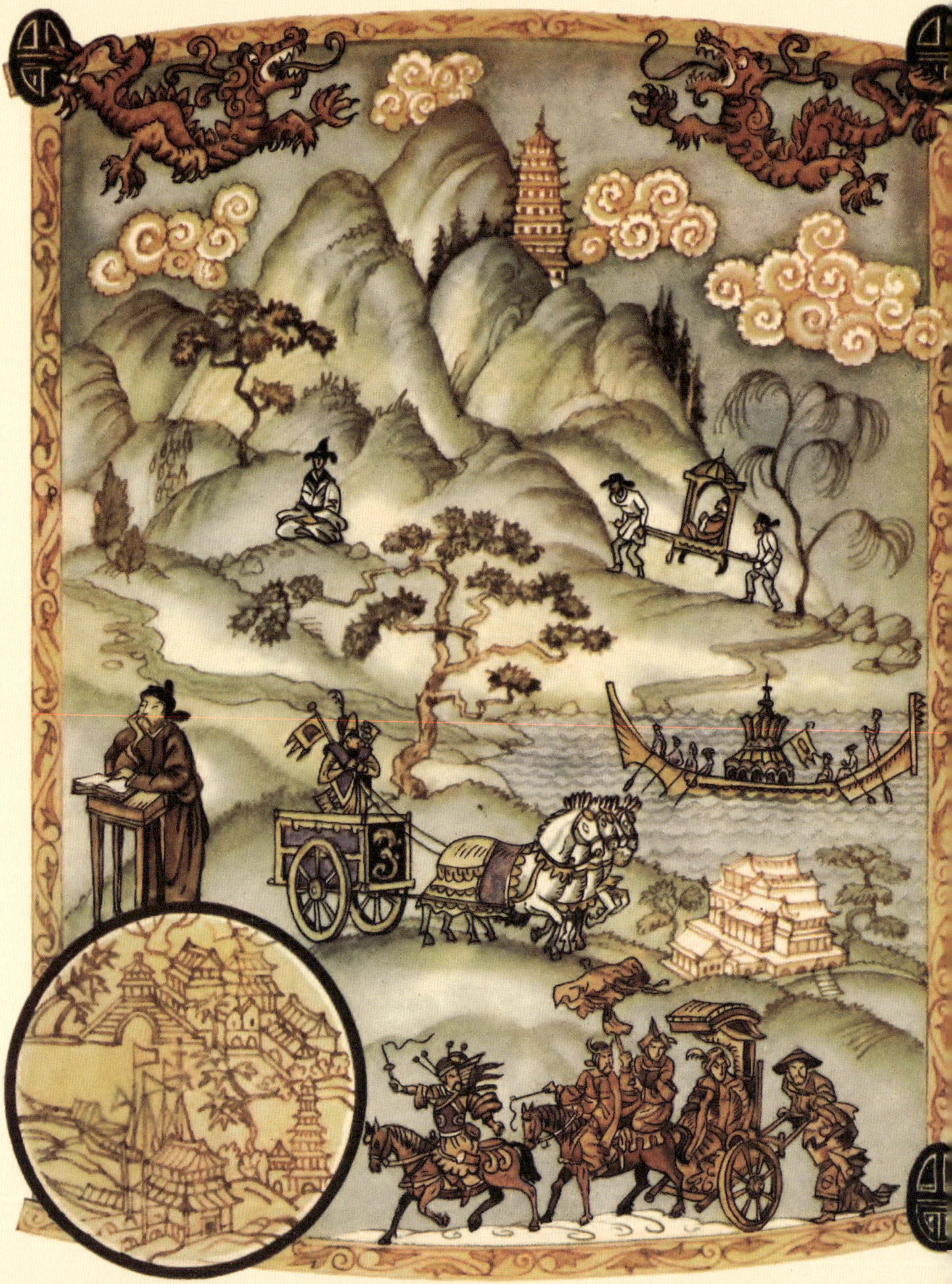

人们怎样想象地球是平的

地球上旅行的人越多,他们就越想知道"地球是什么样子,它是个什么形状"。

学者们认为,首先提出这个问题的,是"天国"的圣人,可译为天朝帝国。你猜到了吗?它是中国,最古老的国度之一。中国被一个皇帝统治。中国皇帝不时想到要更精准地确定他的国界。为此目的,他把朝廷的官吏从京城派往四面八方。

在中国,达官贵人出行要乘坐舒适的马车。每个车厢里都有一个秘密仪器,总是指向同一个方向,能确保不会迷路。中国人对它小心守护,称之为"指南针"。这种古老的秘密仪器一直流传到我们的时代。每个人都知道它是如何工作的。我们叫它罗盘。它并不复杂。这是一个小盒子,装有一根磁针——蓝色一端指向南方,红色一端指向北方……

很长一段时间,官车在草原和沙漠中穿行。但皇帝的使者无论走到哪里,都会看到夜空中的星星总是从东向西移动。"为什么会这样?"他们想知道,也试图找到答案,却找不到。

还有一些官员去了山上。他们的马车无法在狭窄的山道行进。于是他们被抬进了轿子里。他们在硬邦邦的轿厢里颠簸摇荡时感到惊讶:"为什么帝国的一部分高入云天,而另一部分却地势低洼?"他们同样找不到答案。

还有一些官员乘船外出。他们在大大小小的江河和运河上航行。仆人们在他们头上撑起伞盖并赶走苍蝇。"为什么呢？"官员们发出疑问，"神州大地的所有江河都从西向东流？"他们久久困惑和苦苦思考，却无法找到解释。宫廷的智者们为解开这些谜团绞尽脑汁，还因为皇上要求对万物之理做出回答。他们终于想出了这样的图景：让我们假设地球是平的，就像一块发糕，有修剪整齐的边缘，还有高大的柱子从每一边

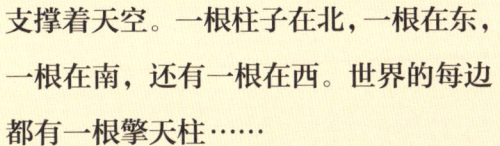

支撑着天空。一根柱子在北，一根在东，一根在南，还有一根在西。世界的每边都有一根擎天柱……

"从前，一条恶龙撞弯了一根天柱，造成大地和天空向相反的方向倾斜。西部诸省的山脉拔地而起，东部诸省的平原却襟海而安。因此，地上江河东去，天上星汉西流。"

这种解释看上去令人信服，大家都心满意足。

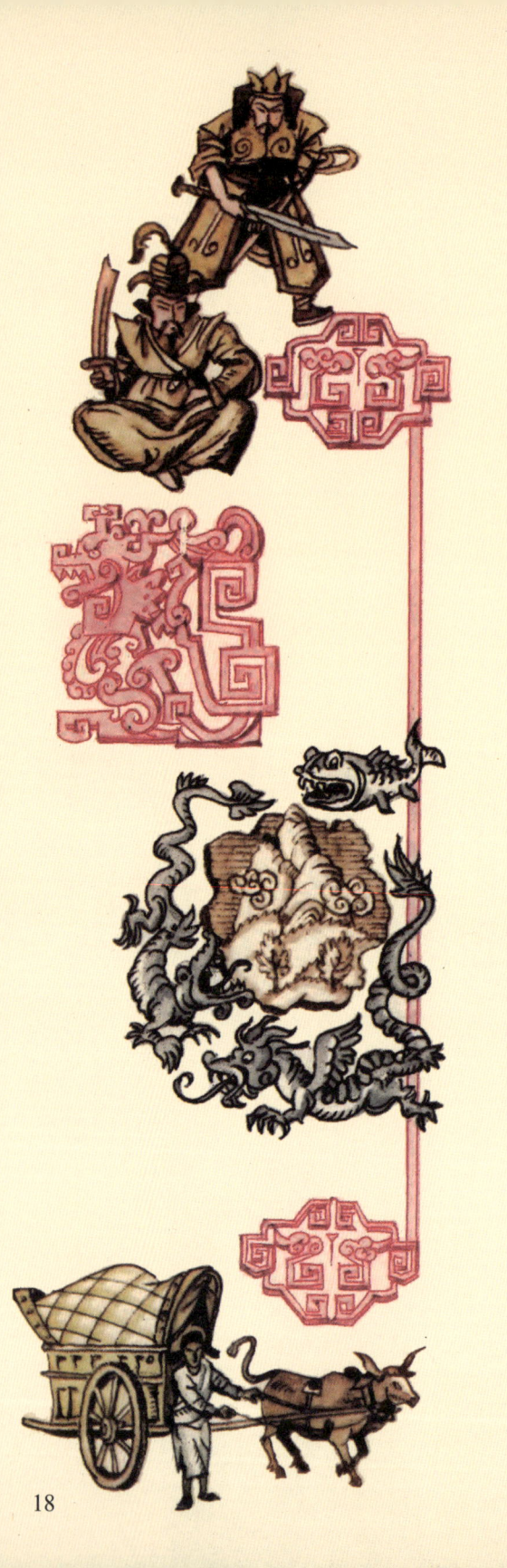

劳动人民生活在贫穷和悲伤之中，只有官吏和富人养尊处优。但这在世界上是经常发生的事。

官员们热衷于效忠皇帝，尊他为"天子"。他们给中国起了另一个名字："四海"。他们认为中国就是世界。整个世界就是中国，四面被惊涛骇浪的大海所包围。到处都是庞然的恶鱼和巨大的凶龙。人们深信不疑并守在家中。

嗯，大多数人，但并不是全部。中国古时候一些旅行者远游的故事和记载，已经流传到我们这个年代。

朝廷官员们骑马出行，外交使节乘坐重型轩车，间谍通过秘密小路潜入，僧侣快步如风，商人的大篷车队有时能绵延数千米。

当他们到达中亚未知的土地时，中国旅行者惊讶地发现那里有文明人，和他们一样的人，耕种土地，制造工具，纺纱织布和转动陶轮。中国人带着货物到遥远的西方国家销售，当地人也有东西可卖，而且他们的很多商品都不比中国的差。

那些独然南下，翻越群山的人，发现自己来到了一个叫作印度的奇妙国度，那里住着许多圣贤和哲学家。

圣哲之邦

古印度并非无缘无故赢得这个美称。当文明的曙光初照邻国的土地，印度半岛像一个巨大的舌头伸进蔚蓝的印度洋。许多学识渊博的人已经出现在这里。

印度次大陆曾分裂成许多小的公国，彼此之间战争不断。每个国王的宫廷都有自己的哲人和思想家，他们受到高度尊崇。

其中有数学家、天文学家、医生和一众哲学家。他们是智慧的源泉，因为他们喜欢探究高深的问题。印度人称他们为贤哲。

在这些伟大的智者眼里，我们的地球像什么？他们的见解并不完全一致，大多数认为地球是平的，但不像中国的发糕，有着切出的边缘，而是一个巨大的扁平圆盘，中央有座须弥山。太阳、月亮和星星围绕

着这座山旋转。到此他们都统一认识了。

有人认为陆地可以划为四个大洲，从须弥山分离，彼此被海洋隔开。每个洲都以生长在海岸上的一棵大树命名。南部的洲，是人类唯一居住的大陆，它以粉红色苹果树"间布"的名字，命名为"间布德维帕"。

其他贤者不同意。他们说，间布德维帕的形状像一个圆环，围绕着高耸的须弥山。接下来是盐海，然后是另一个环形大陆。他们说第二块大陆遥远的海岸被糖浆海洋冲刷。总而言之，在这个地球模型中有七个环形大陆。每个环与上一个环隔着不同的海洋。糖浆海洋之后是酒的海洋，接着是煮沸的黄油海洋，继而是奶油海洋，然后是酸奶海洋，最后是淡水海洋……

现在谁敢否认如此恢宏壮丽的世界图景？

然而，也有人不同意。

一个社群说，地球就像一朵盛开的莲花。四个最大的花瓣是四大洲。雌蕊和雄蕊是环绕恒河和印度河流域的山脉。荷花生长在无边的海洋中，它的茎附着在海床上。

这张图并没有让所有的圣贤满意。其他人还有自己的模型。他们相信，世界是一只巨大的乌龟，漂浮在浩瀚的牛奶海洋中。还能有什么更坚固呢？四头大象站在乌龟的背上。还有什么更强大呢？大象的鼻子举向天空，面向世界的四个角落，用健硕的背部支撑着平坦的、圆形的世界。

古代印度圣贤确实拥有世上最令人惊叹的模型。

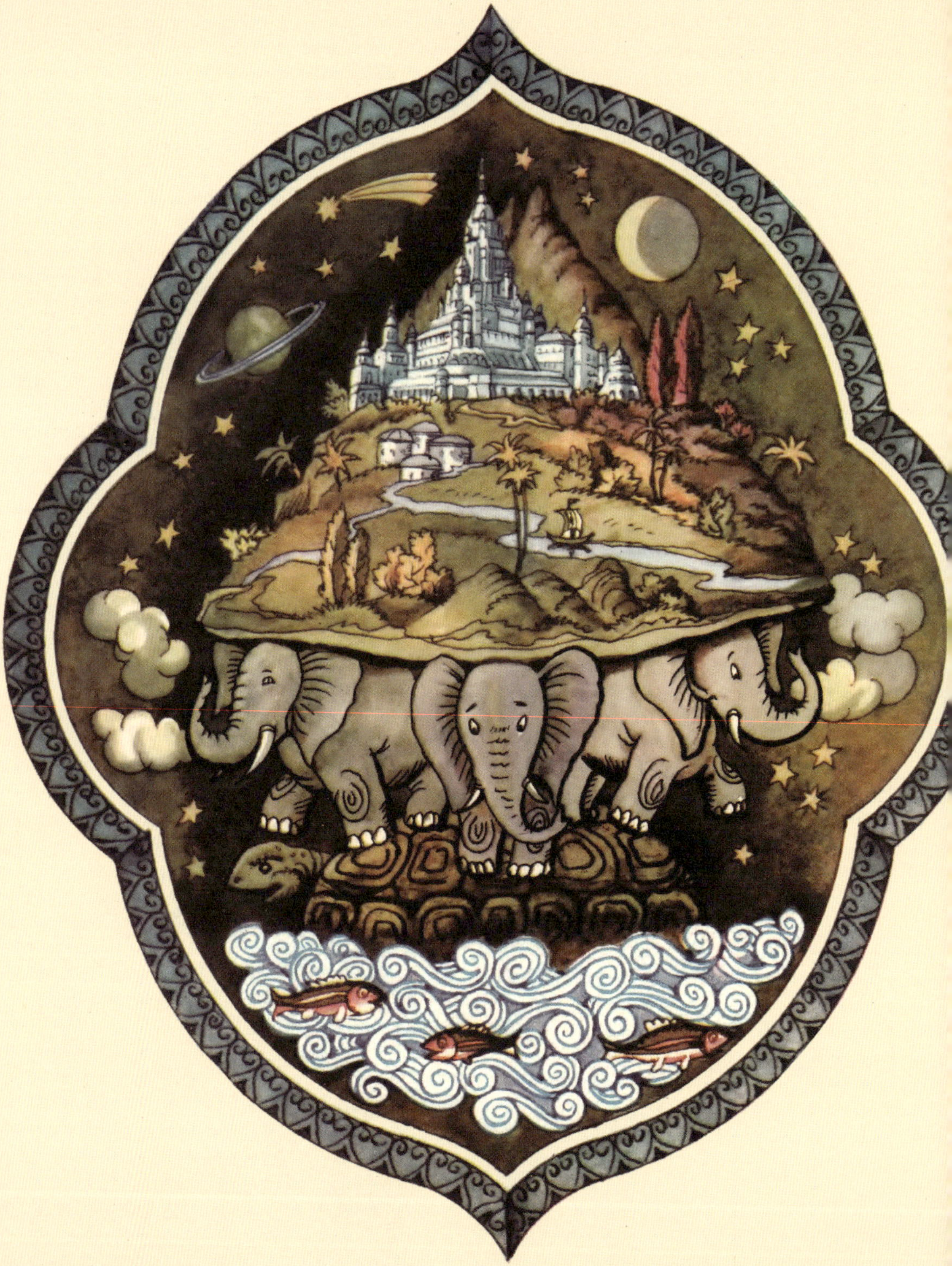

为什么腓尼基人认为地球是拱形的

腓尼基人是最不寻常的人。他们生活在一个不寻常的国家。

从严格意义来说,从来没有这样一个国家。古希腊人给一个狭窄的沿海平原取了这个名字。它挤在高山和地中海之间,今天被称为黎巴嫩。在很多地方,群山直插峻峭的海岸,将土地分割成小块。湍急的河流灌溉土地,造就了河谷的肥美和丰饶。但土地永远不够。自古以来,这些小的定居点便挤在一起。随着时间推移,它们合并为城市。每个都是独立的国家。腓尼基城市的确具有地理优势,许多贸易大篷车从这里出发,前往美索不达米亚和尼罗河谷。他们的船只驶向地中海滨的许多国家。

一个世纪又一个世纪过去了。

越来越多的腓尼基港口和贸易殖民地,在这些海岸边蓬勃发展。有些成为强大的独立国家,迦太基就是其中之一。

这些腓尼基工匠能提炼最高级的"骨螺紫"为羊毛染色,只有大富大贵的人才能衣紫

腰金。

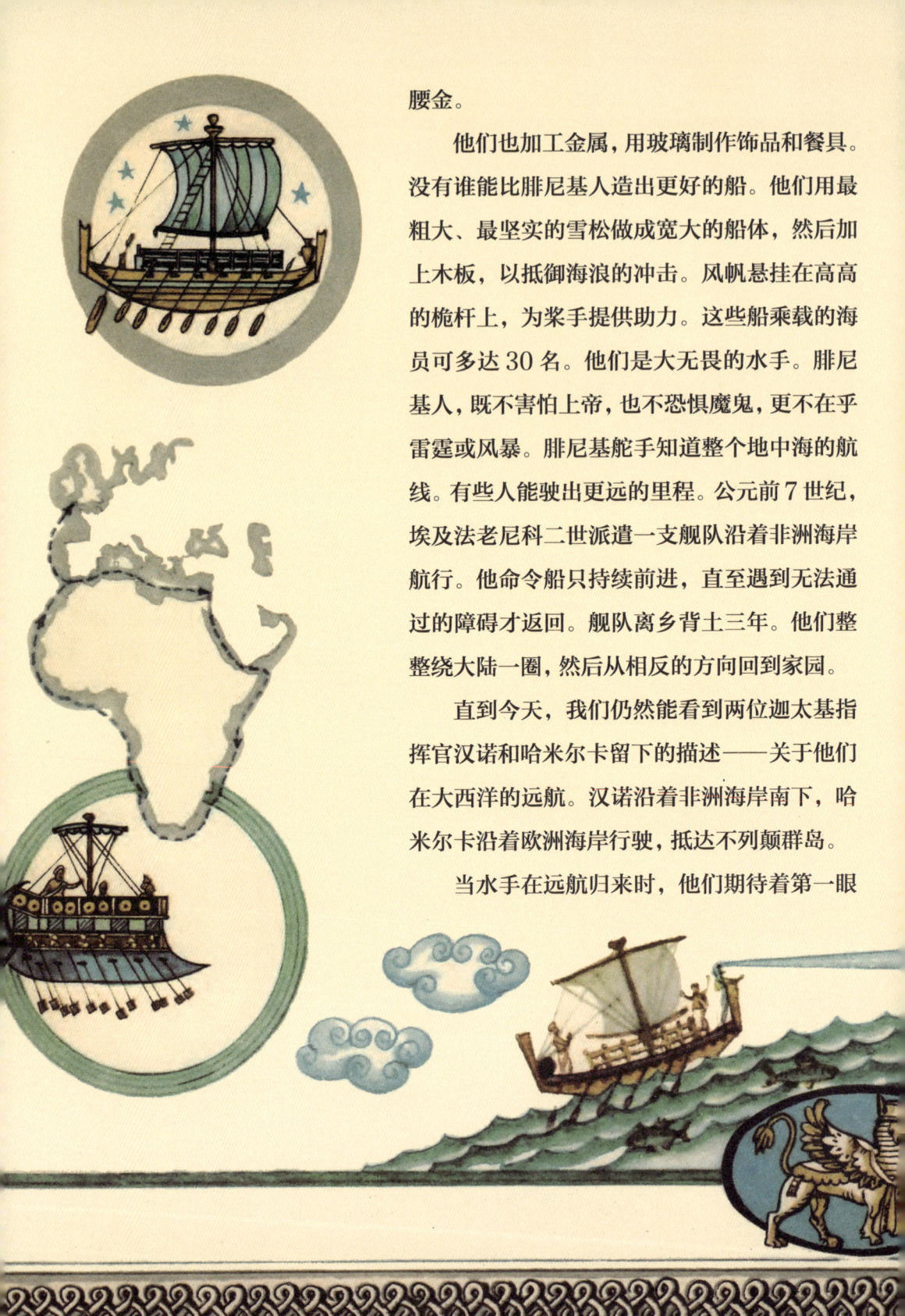

他们也加工金属，用玻璃制作饰品和餐具。没有谁能比腓尼基人造出更好的船。他们用最粗大、最坚实的雪松做成宽大的船体，然后加上木板，以抵御海浪的冲击。风帆悬挂在高高的桅杆上，为桨手提供助力。这些船乘载的海员可多达 30 名。他们是大无畏的水手。腓尼基人，既不害怕上帝，也不恐惧魔鬼，更不在乎雷霆或风暴。腓尼基舵手知道整个地中海的航线。有些人能驶出更远的里程。公元前 7 世纪，埃及法老尼科二世派遣一支舰队沿着非洲海岸航行。他命令船只持续前进，直至遇到无法通过的障碍才返回。舰队离乡背土三年。他们整整绕大陆一圈，然后从相反的方向回到家园。

直到今天，我们仍然能看到两位迦太基指挥官汉诺和哈米尔卡留下的描述——关于他们在大西洋的远航。汉诺沿着非洲海岸南下，哈米尔卡沿着欧洲海岸行驶，抵达不列颠群岛。

当水手在远航归来时，他们期待着第一眼

看到家乡的海岸。腓尼基人也不例外。

但他们已经注意到了一些情况。他们第一眼看到海岸线的时候，总是最高的山峰从海上升起。接着，当他们越来越靠近岸边，就有越来越多的群山进入视野。最后，城市的建筑像海豚一样从水中冒出来。

这让水手们感到疑惑。如果地球是平的，他们应该立刻把一切尽收眼底。那些说地球像煎饼一样平的人，该不是搞错了吧？

肯定的，它看起来更像半个苹果。因为如果世界是弧形的，那么山峰无疑将首先从海中升起。这样也解释清楚了，为什么爬到桅杆顶端比站在甲板上看得更远。

因此，腓尼基水手们相信世界是弯曲的，就像半个苹果或橙子放在水中的托盘上。大海是水，托盘的边缘支撑着倒扣的蓝色浴盆，那便是天空。一种奇怪的模型，难道不是吗？

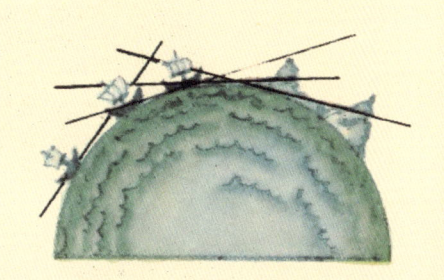

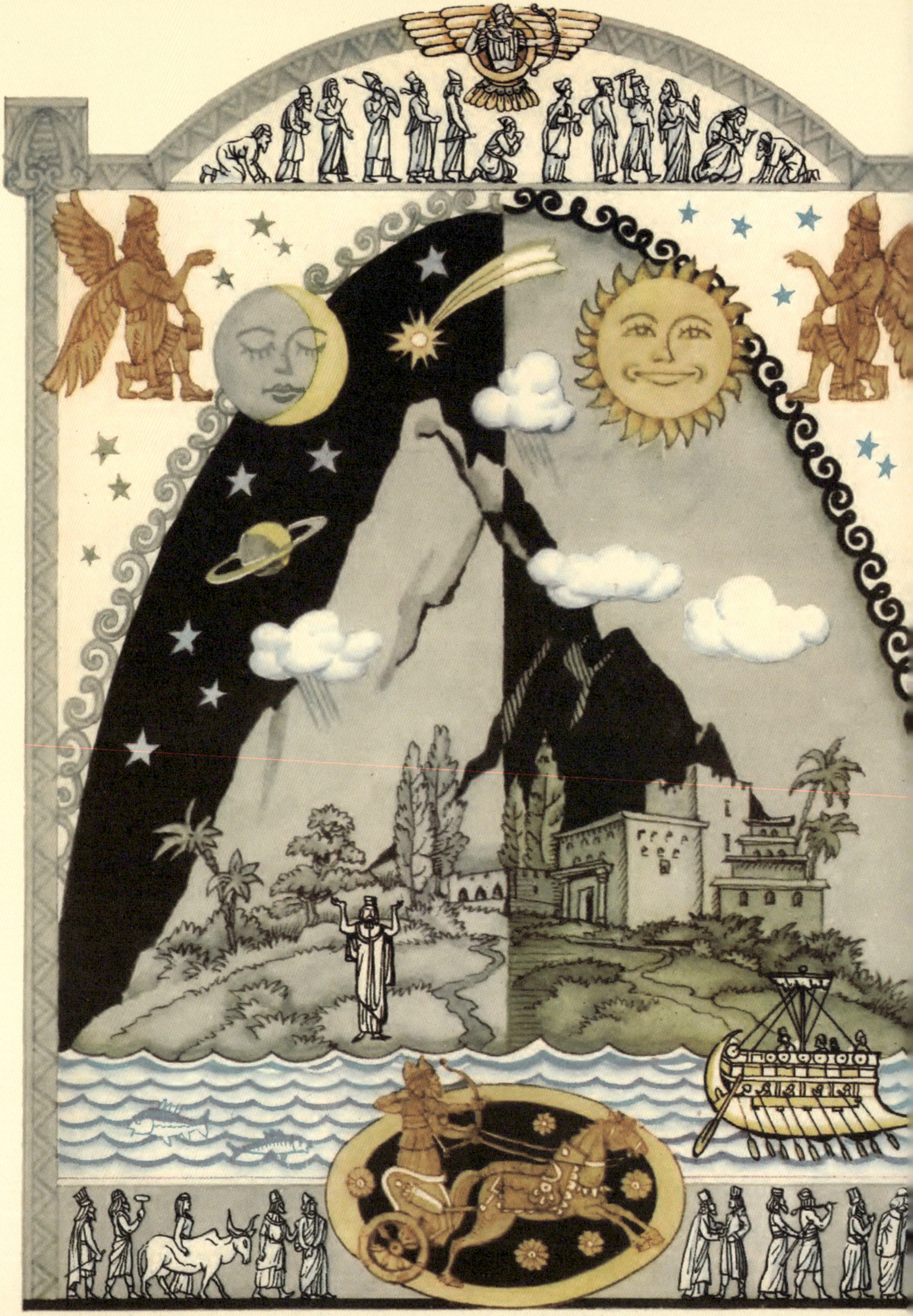

谁最早提出地球是圆的

现在很难确定这个问题的答案。在古代，每个文明国家都有自己的圣贤。想必很多人都会萌生这样的想法。例如，毕达哥拉斯，古希腊的一位思想家，就认为球体在所有几何形状中是最完美的。那么，鉴于我们的世界是宇宙的中心，它怎么可能是其他形状呢？许多学者同意毕达哥拉斯的观点。唯一的问题是如何证明，可以提出什么推理或例证来排除所有疑虑？

古希腊哲学家亚里士多德证明了这一点。他是一个很有学问的人，在许多科学领域都造诣很高。他是亚历山大大帝的老师，创办了著名的哲学学校。他的盛名为他带来了许多学生和信众。亚历山大大帝即使在名高天下的时候，也从未忘记自己的老师，并一直保持着给老师写信的习惯，讲述他征战许多国家时遇到的千奇百怪的事。

像所有真正的学者一样，亚里士多德总是希望更加广见博识。知识是一种财富，没有人会羞于接受。

亚里士多德时代仍未解开的谜团之一是月食。谁也不知道它为什么会发生。有人认为邪恶的巨人偷走了月亮，想窃取它的银色光辉。还有人相信这是凶兆，预示着战争、饥荒、瘟疫等灾难。也有人说月食会毒化空气，人们可

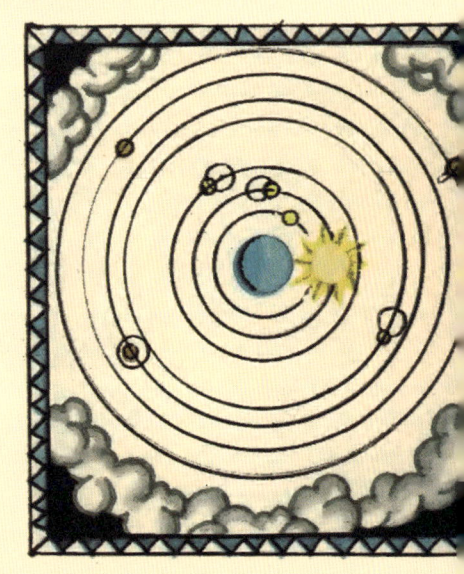

亚里士多德

能因此而窒息。

　　那些信以为真的人躲进地窖，蒙上窗户，把所有裂缝都用胶泥或腻子封住。

　　亚里士多德不是胆小鬼。他不止一次观察月食，但都平安无事。通过观察，他得出了结论：当地球行进到太阳和月球之间时，月球上的暗斑是地球的阴影。但为什么这个影子总是圆的呢？

　　亚里士多德在阳光下举起一块圆形的薄饼，研究它的影子。在一个位置，阴影是圆形的。在另一个位置上，它像根棍子一样细。所以地球不可能是平的。

　　然后他在阳光下拿着半个橙子。如果太阳照在齐平或拱起的一侧，就会产生圆形阴影。而一旦向侧面转过，影子就变成了半圆。只有一个完整的橙子，总能投下一个圆形的影子。

　　"这意味着我们的地球一定是圆的。"亚里士多德告诉他的学生，并向他

们展示如何得出这个结论。

学生们看着自己的老师，瞪大了眼睛，对他的智慧惊叹不已。

但仍然存在一个问题：人们怎么可能生活在世界的下半部呢？他们将倒立着。难道不会掉下去吗？

即使是亚里士多德，也找不到合理的答案。因为当时没有人知道是重力将物体留在地球上。不仅是人，还包括大山、房子、河流、海洋，甚至空气。

由于亚里士多德不知道这一点，他和他的弟子认为南半球是无人居住的。一些学者认为，那里可能生活着和我们脚底板相对的人。

第三章

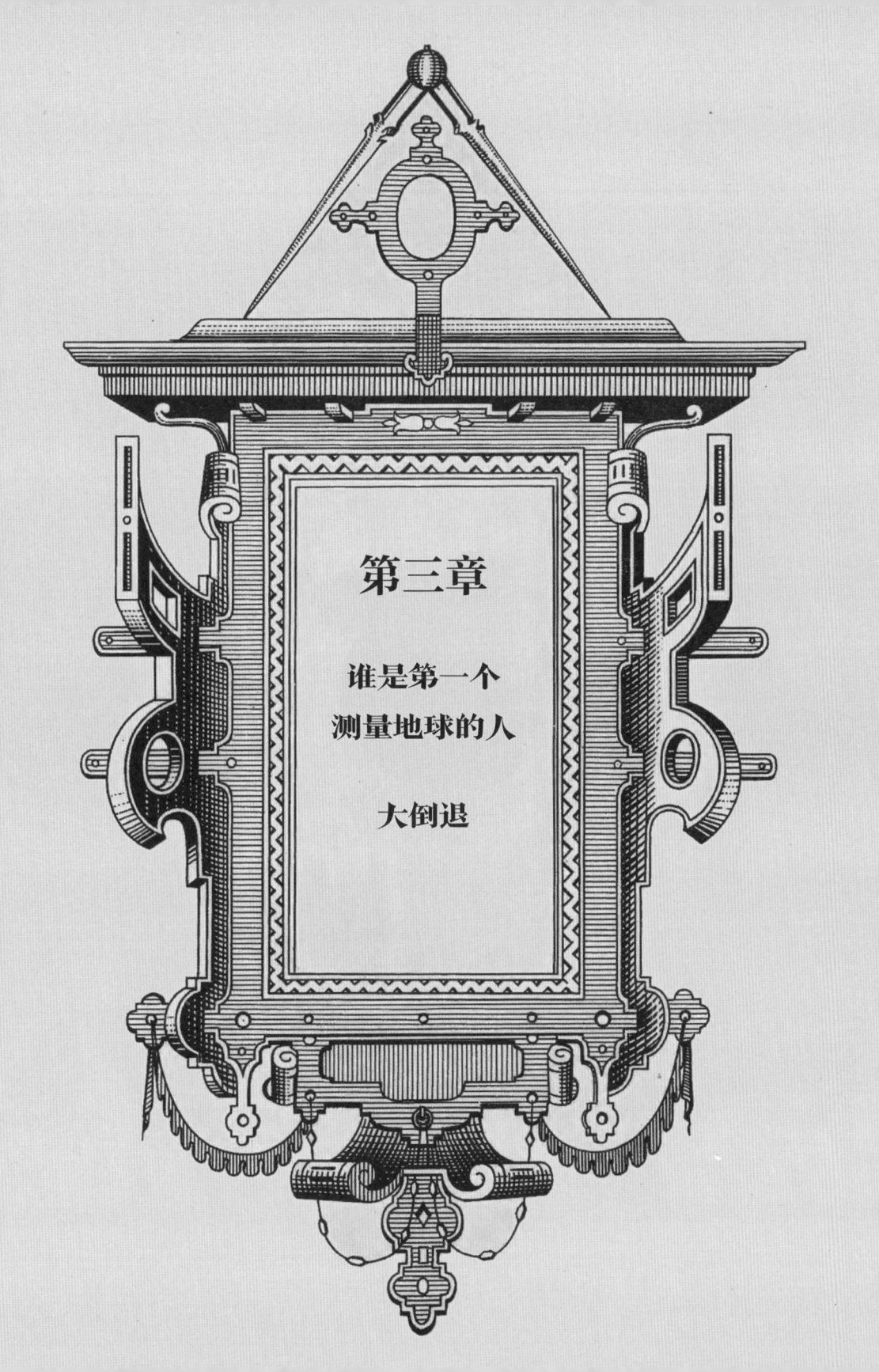

谁是第一个
测量地球的人

大倒退

亚历山大

谁是第一个测量地球的人

亚历山大大帝率领军队驰骋半个世界。在埃及,他下令建造一座城市,坐落在尼罗河的一条支流上。这里樯帆辐辏,商旅云集,被称为亚历山大港。岁月流逝,人们爱上了这个地方。

向往到这里定居者,从来不乏其人。因此这座城市日增月盛,迅速壮大。新来的人对它宽阔的街道和几层楼高的不烧砖房屋感到惊讶。但亚历山大港真正的奇迹是博物馆和图书馆。博物馆是科学、诗歌和艺术女神缪斯的宫殿,实际上也是世界上第一所大学、第一所科学院。来自四面八方的哲学家、科学家和诗人都在这里栖身聚首。他们为所有求知的人开设讲座、安排实验、组织探险……他们著书立说,把手写的长卷放在厚实的皮箱里。这些箱子被精心保存,称之为图书馆。积年累月收藏了数十万份手稿。

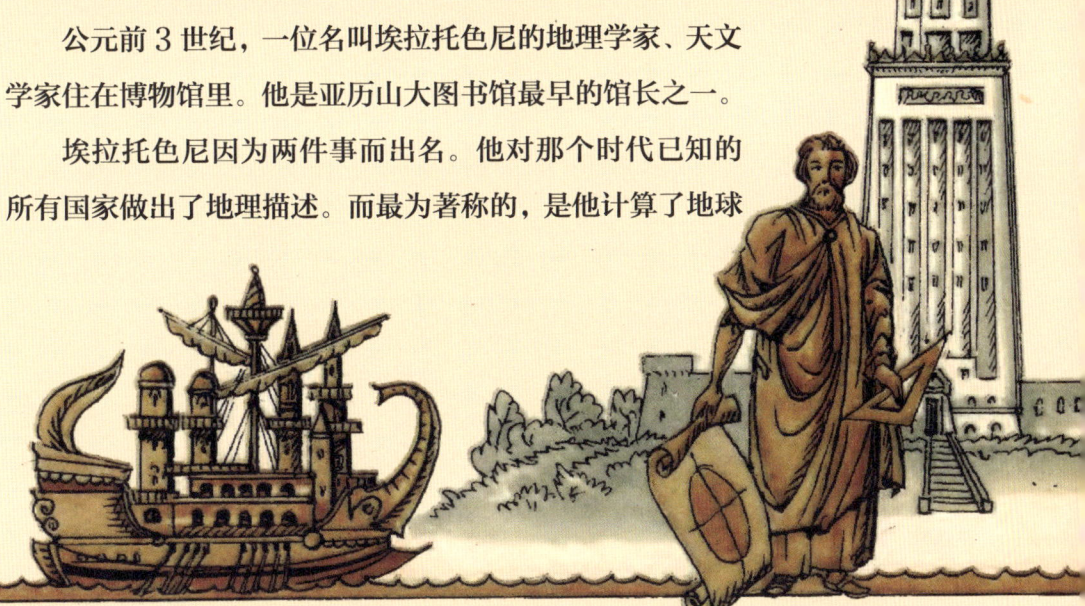

公元前3世纪,一位名叫埃拉托色尼的地理学家、天文学家住在博物馆里。他是亚历山大图书馆最早的馆长之一。

埃拉托色尼因为两件事而出名。他对那个时代已知的所有国家做出了地理描述。而最为著称的,是他计算了地球

的大小。

看看这是如何实现的。从赛伊尼来的商人告诉他,一年中最长的那天——夏至,正午的太阳会照见城市最深井底的水。这表明光线必须完全垂直。埃拉托色尼知道,塞伊尼和亚历山大港之间从南到北的距离是5 000斯塔德,这个数值是商队向导测量的。现在,亚历山大港同一天的阳光倾角是圆周的五十分之一。

所以埃拉托色尼知道,两座城市之间的距离一定是地球周长的五十分之一。由此,埃拉托色尼将5 000斯塔德乘以50,得到25万斯塔德。也就是说,大约4.2万到4.3万千米。

现在,按照我们这个时代的计算,穿过两极的子午线长度是40 008千米。埃拉托色尼的误差可以忽略不计。

埃拉托色尼的著作存世不多。对他的了解,只能通过其他人和后世作家。我们从中获悉,埃拉托色尼写过一本杰出的书,他称之为《地理

学》。在古典希腊语中,意味着对地球的描述。

　　埃拉托色尼将他的书分为三个部分。第一部分是地理学史;在第二部分中,他奠定了数学地理的基础;第三部分是根据最新证据对大地的阐释。

　　像所有希腊哲学家一样,埃拉托色尼最关注地中海区域。希腊人认为,这里是北半球温带一个四面环海的大岛。热带被确信是无人居住的,因为太炎热了。至于南半球的温带,古代学者认为那里可能有未知的土地,居住着"对跖点人类"。

　　根据古希腊人的说法,他们的"陆地岛屿"轮廓类似一个希腊男子的衣服,由几个不同颜色的矩形组成。哲学家们把这片土地分为三个部分——欧洲、亚洲和利比亚。直到很久以后,罗马人,而不是希腊人,才给利比亚取了一个新名字——非洲。沿袭一个强大的部落,阿弗雷吉尔人住在那里。

सीयेना

Privilegium Imperiale

Pulchrū inuētū insigne, reces, cui cordi imago è
Nationis omnis cui studiosa fauet.
Triginta durat cui cautio Cæsaris annos,
Ne quisq̃ hoc aliis edat in orbe typis.

Nobilissimo simul et prudentissimo viro D.
mino LEONARDO ab Eck in Wolf
Ransdorf do: oratori et philosopho insigni
cognati sui cum primis humanissimo P.
anus de Leysnig Academiæ Ingolstadii
Mathematicus hanc vniuersaliorem coo
orbis Tabulam, et recentibus obseruationi
confectam; Dedicat.
Anno M. D. XXX. die .9. Noa.

MERIDIES

Militia Germanica

水手们如何找到自己的方位？人们应该都知道以斯塔德为单位的距离，或者从一处到另一处的旅行天数。为了更容易地选择路线，古希腊地理学家在地图上绘制了线条，连接旅行者需要了解的地方。这些线条之一——"横膈膜"，始于赫拉克勒斯之柱（直布罗陀海峡），穿过地中海到墨西拿海峡，经伯罗奔尼撒半岛的最南部，朝向罗得岛，然后到达小亚细亚南部地区。另一条线与它相交。始于南方的麦罗王国（现在是苏丹的一部分），并沿着尼罗河谷到亚历山大港，穿过罗得岛和拜占庭，到达第聂伯河河口。

这些线条对地图制作大有裨益。后来其他的平行线被添加进来，通过重要的地方。

公元2世纪，著名的数学家、天文学家、地理学家和气象学家托勒密，用平行于赤道的纬线和穿过北极的子午线，覆盖了整个地图。

托勒密不同意他那个时代的学者认为大地是一座岛屿的观点。他怀疑腓尼基水手的证据，并说没有谁能真正确定南方和北方没有陆地。因此，当托勒密绘制他的世界地图时，便将这片土地画在边缘上，并写下"未知的陆地"。他不曾听说亚洲北部或南部的任何海洋，或埃塞俄比亚南部的海洋。学者们根据他的描述重建了他的地图。印度洋被显示为内陆海，东南亚通过未知的陆地与东非连接。

那么谁的图景更接近正确呢？如果是埃拉托色尼，水手甚至可以从海上抵达最遥远的陆地。如果是托勒密，他们的船将被陆地阻隔，而必须在陆地上长途跋涉。

托勒密是古典时代最后一位真正伟大的学者。他生活在古希腊文化已经衰落的时代。异教信仰正在让位于新的宗教。地平说再次风行于欧洲。这是历史的大倒退。

大 倒 退

我家书柜里有一本很大的书,它是用斯拉夫语的古文手写的。书名是《一本关于基督拥抱全世界的书》。它由公元6世纪一位名叫科斯马的希腊商人撰写,通常称他印地科泼洛夫。这是一个非常尊贵的名字。因为这意味着他去过遥远的印度。

身为商人的科斯马经常旅行。他年老时出家为僧,并写下这本关于地球运转的书。他的描述基于《圣经》——基督徒的圣书。他接受了《圣经》的观点,即地球是一个扁平的长方形,四边都受到海洋冲刷。海洋被高墙深垒所包围,支撑着苍穹——这是一个坚硬透明的圆顶,天使们在上面滚动着星星。

科斯马推想天上的水必须藏在九霄之外,因为时不时它们以雨的形式洒在我们身上。

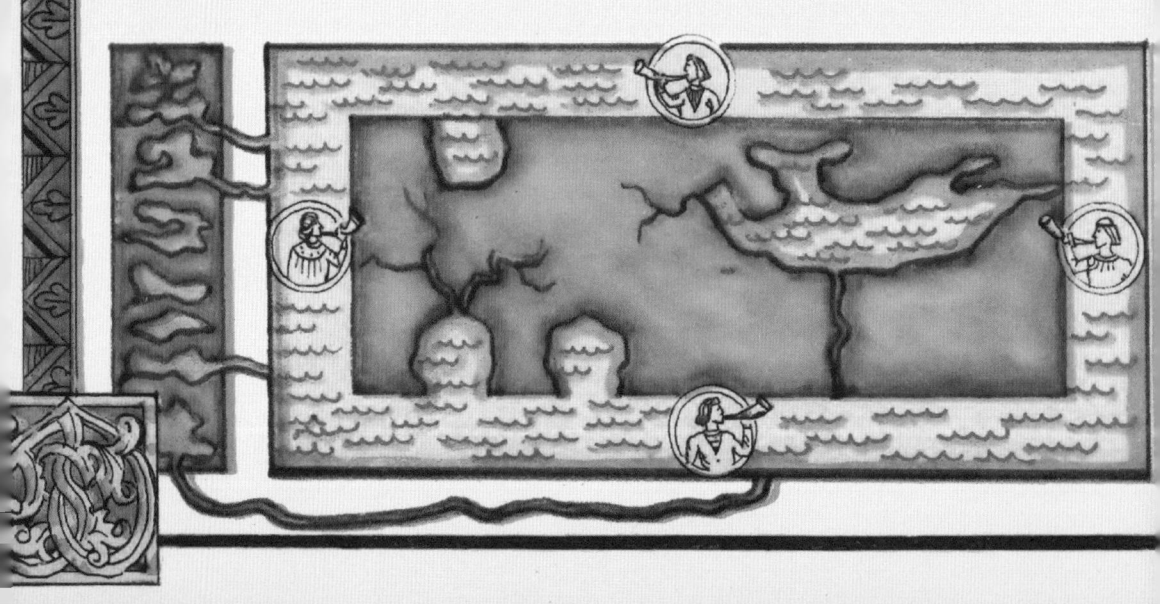

在北边，他放置了一座高山，让太阳巡天而行时能躲在后面。这样，夜幕就降临到全世界。书中有很多图片。俄罗斯艺术家从希腊原版中复制了一些。对于另一些人，则调动自己的奇思妙想。科斯马撰写他串访过的国家，既描述了亲眼所见，也记载了道听途说。因此，与骆驼、牛、大象并行不悖。人们能发现一些子虚乌有的生物，例如野猪象、独角兽和鼻孔兽……没有谁确切知道，这本书何时出现在俄罗斯，何人是翻译者。但肯定是很久以前的事了。所有国家的人们都喜欢阅读和聆听旅行家的故事。识文断字的俄罗斯人，也倾心于亚历山大商人科斯马的这本书。

如果有这么多的胡编滥造，读者为什么会钟情它？因为人们不明就里，他们相信每一个字。于是，这些故事让人们想去那些遥远的地方。中世纪的俄罗斯有很多书描述其他国家，以及世界是如何相互联系的。有一本书叫《深之书》。所谓"深"，是因为其中蕴藏着深刻的智慧。书里的神秘圣哲大卫·埃夫谢耶维奇讲解地球是如何依栖在一头巨大的鲸鱼背上。每当鲸鱼转身，整个地球抖动。

阿拉伯人是中世纪最无畏的旅行者。到了7世纪，他们占据了广阔的领土，此后开始交易。阿拉伯商人访问东欧，所有斯拉夫地域和中亚国家。他们最早讲述赤道以南神奇的非洲土地。他们告诉欧洲人，关于东非和马达加斯加的热带国家。

在9世纪，有个学富才高的波斯人伊本·霍达贝，将他那个时代已知的所有地理知识汇集在一份手稿中。遗篇至今犹存，他称之为《路途和王国之书》。他自己旅行不多，但在哈里发的宫

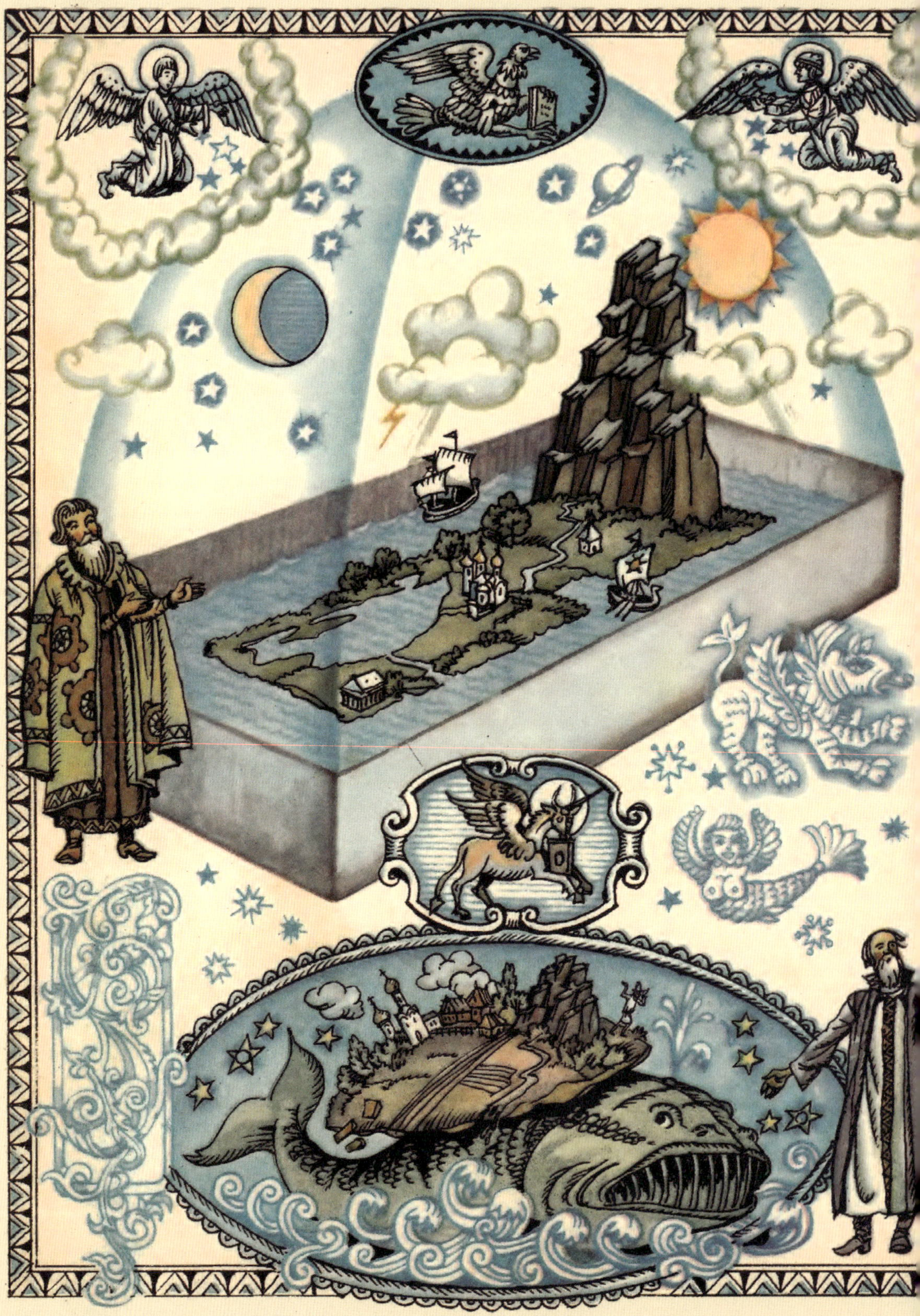

廷时，他可以利用所有来自阿拉伯旅行者、商人和官员的信息。

过了一段时间后，伊本·拉什德也出了一本书。他自己是个旅行者，写下了他亲眼所见的东西，称之为《宝石之书》。但只有最后一部分幸存下来，大约是手稿的七分之一，主要讲述东欧的民情。伊本-拉什德写了斯拉夫人和基辅罗斯人（中世纪对俄罗斯的称呼），他们的事在西欧或西南亚鲜为人知。

10世纪，伊本·法德兰写了一本书，名叫《伏尔加之旅》，增加了这方面的知识。马苏迪，一个土著的巴格达人，去过近东、中东、中亚、高加索和东欧的每个国家。他随大篷车队穿越东南非，并且了解中国和爪哇。他写了两本书：《金草地和钻石场》，以及《报告和观察》。

我可以说出中世纪的许多旅行家，给我们留下了宝贵的著述。例如，关于花剌子模学者比鲁尼，或关于伊本·拔图塔——全世界有史以来最伟大的旅行家，25年间至少跋山涉水120 000千米。

穆斯林旅行者和地理学家也相信地球是平的。但不像基督徒那样认为是长方形。穆斯林主张大地是圆形的。

这就是他们绘制地图的理念。我来告诉你其中一例。

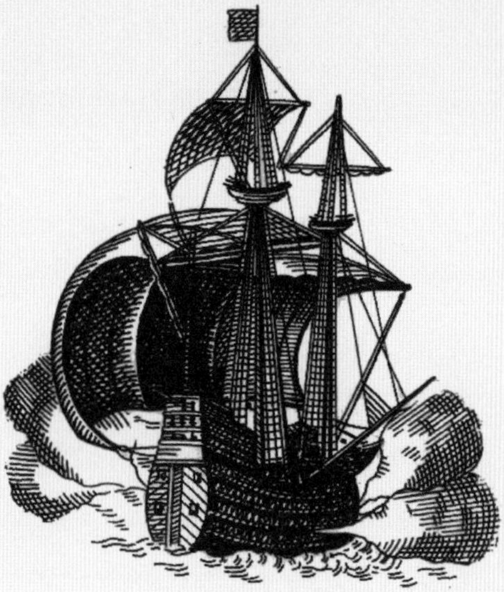

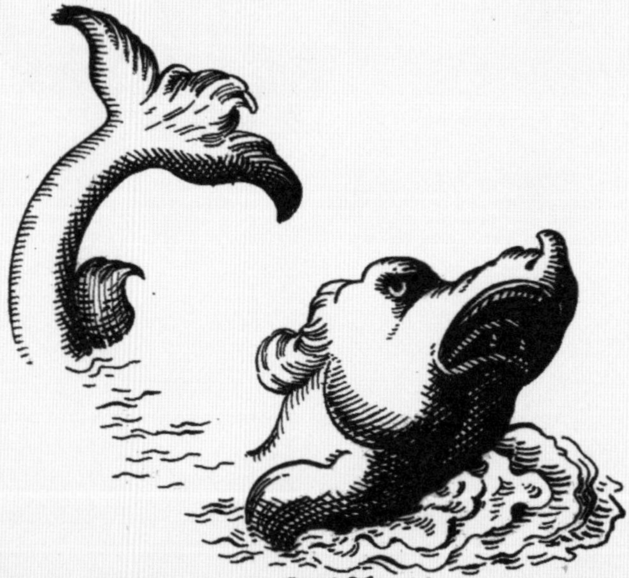

第四章

谁发明了地图

阿拉伯学者的银质地图

为足不出户者
绘制的地图

为远行者绘制的地图

12世纪的地图

谁发明了地图

很早的时候，人们就开始对周遭四邻绘制方位图。否则何以说明什么地方最适合打猎，或者哪里能找到最甜的甘草？后来，这些初期地理学家开始在图上标记出邻近的居民点，用细线将它们与自己的住处连接起来，以显示行踪和路径。当最早的大篷车开始上路，为商队规划和描绘运输路线的时候就来到了。

公元前6世纪，古希腊哲学家阿那克西曼德把许多这类描述整合到一起，并试图画出一幅世界的全景图。这可能是第一张真正的地图。

制作新地图是一件非常有趣的事情。小时候，我一直喜欢画神秘的无人岛。我用棕色点染山脉——它们看上去通常如此。我将湖泊、河流和大海涂成蓝色，而洼地和矿床应该覆盖着不可逾越的丛林——是绿色的。树影中总是充满了凶猛的动物，比动物园里的狮子和老虎还要危险，确实赛过所有真正的野兽。我画的岛屿非常适于打猎，适于拯救美丽的公主或寻找毒蛇守护的宝藏。当我长大后，我了解到人类在会写字之前很久，就已经懂得绘制地图了。做这事儿的人被称为土地测量员。

在苏联，离黑海不远的地方有一个叫迈科普的小镇，只有100多年的历史。它位于别拉亚河上。附近有一座坟冢，没有人记得它是什么时候、什么原因修造的。一天，有些考古学家建议挖掘它，说里面也许有些东西，能告诉我们一些曾在这里发生的事情。好吧，说干就干。一支探测队组织起来，他们开始挖掘。头一天毫无所获。第二天和第三天仍然希望成空，只挖出一锹锹泥土和砂石。考古学家们非常沮丧，就在他们犹豫要不要放弃时，突然发现了一件珍宝。

这是个怎样的珍宝啊！墓穴盖着厚厚的篷罩，上面绣着金色的匾牌，埋在泥土中。篷罩支撑在四根银柱上，每根的末端都是一个压卷了的金质和银质牛角。在附近，他们挖出了漂亮的金银器皿和珠宝。还有用石头和纯铜制成的工具和武器。真正是无价之宝啊！

墓主无疑是个有钱有势的部落首领。也许年老寿终，或许杀敌阵亡。他显然是一个备受尊敬的人，因此同伴们以极大的荣耀将他安葬。

比起黄金和白银，考古学家对那些通体布满图画的陶制器皿更感兴趣。它们可能被用来盛酒装油，不知名的艺术家如此精准地绘出了高加索山脉和附近的河流。考古学家轻而易举地找到了相应的地方。

最令人惊愕不已的，是这些器皿的年代。它们至少有4 000岁了！那时生活在这片原野的部落可能不会读写，但他们肯定会画地图。

不久前，一些考古学家在土耳其挖掘一个古老的村落时，发现了一幅刻画在黏土板上的地图。据信它已有9 000年的历史。这是已知的最古老的地图。但天晓得，很可能有一个更古老的尚未被发现。

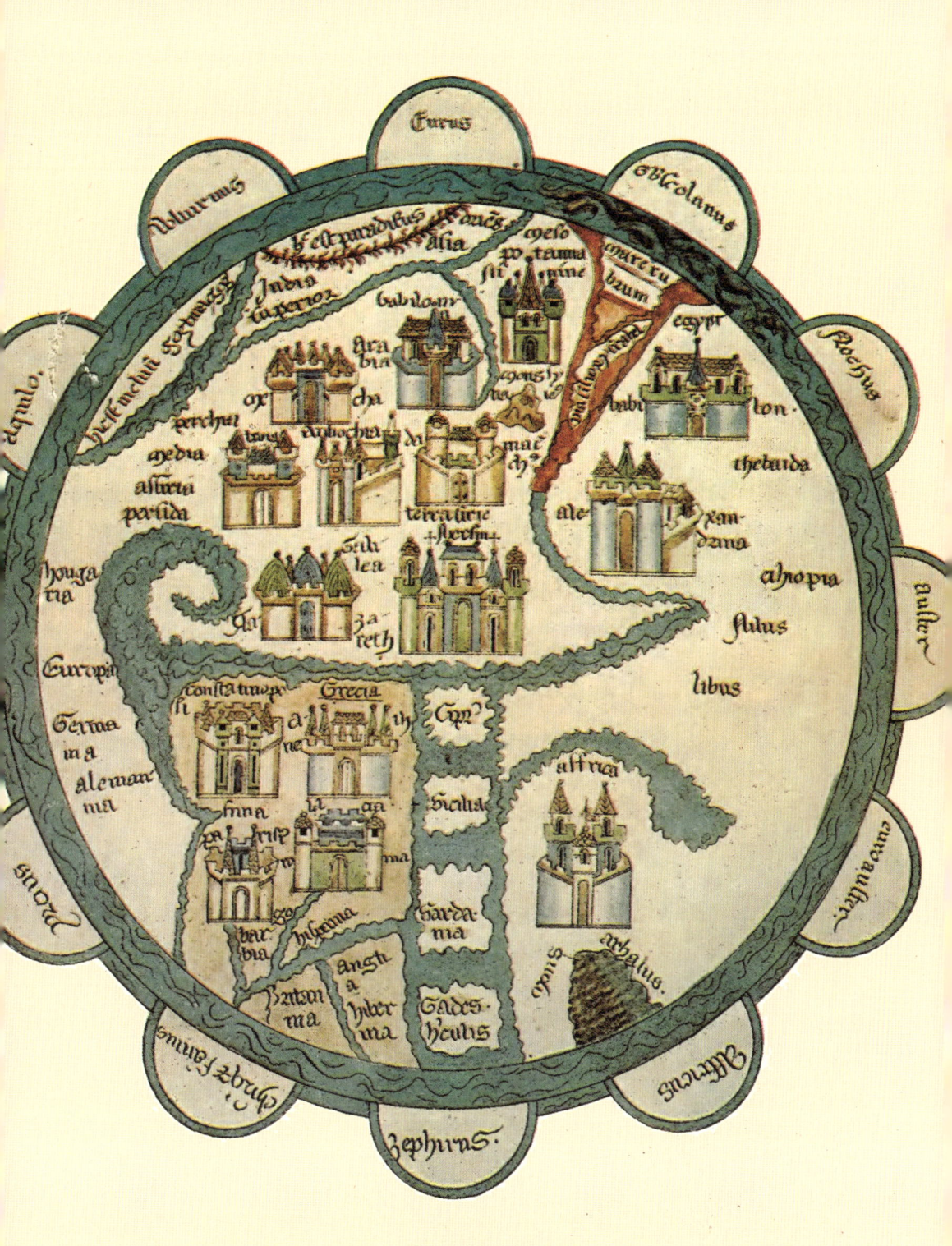

14 世纪的地图

阿拉伯地理学家的银质地图

西西里是个大岛,坐落在温暖的地中海。巴勒莫市住着一位阿拉伯地理学家和学者,名叫阿布·阿卜杜拉·穆罕默德·伊本·伊德列西,是一位富贵亲王的儿子。他求学多年,远游四方,以聪明智慧而著称。

西西里国王罗杰二世,在巴勒莫备受尊崇。罗杰二世来自西北欧的诺曼底,父亲将他带到了气候温暖的西西里岛。罗杰国王对北方国家非常了解。并以此为荣。另外,他喜欢地理。(我们大多数人不是都喜欢自己擅长的事吗?)国王听说了博学多才的地理学家,人称没有谁比他更了解南方的土地。于是罗杰二世让他的下属邀请伊德列西到宫殿来,并建议他们共同制作一幅地图。罗杰国王熟知北方地带,伊德列西通晓南部地域。这样,他们之间优势互补,就可以绘制出最巨大、最准确、最详尽的人迹所至的世界地图。

创见和知识是妙不可言的东西。它们就像童话中"花不掉的硬币",可以一次次反复使用,却永远无法耗尽。

有句老话说:如果你我各有一个苹果并互相交换,我们仍然各有一个苹果。如果你我各有一个想法而彼此交流,我们每个人都会有两个创意。

伊德列西同意与国王合作。这样他们每个人都将拥有两倍的知识。

此时，国王问应该用什么材料来制作他们的大地图。纸肯定是太普通了。无论如何，它不会永世长存。我们不知道阿拉伯学者说了什么。但确实知道，国王下令将国库中的所有银子熔化，让银匠打造出尽可能大的圆盘（请记住，阿拉伯地理学家认为世界是平的和圆的）。然后，就让美妙的地图永久镌印在上面吧！

国王的话就是法律。银匠忙得不亦乐乎。盘子做好后，需要4个人拖进地理学家的书房。伊德列西在此后15年里一直工作，在贵金属上绘画、雕刻、铸造、压制他和罗杰国王已知的地界轮廓。

罗杰国王在地图完成之前就去世了，但地理学家继续工作着。这个地图完全如他们所期盼——所有的国家、山脉、海洋、河流和沙漠都清晰可见，一览无余，对地图手稿做出了完美的展现。

唉，国王和地理学家都犯了一个错误。银子并非那么坚牢可靠。当国王的继承人需要钱时，银子做成的地图不见了。我们对此不知其详，如果不是伊德列西把原件复制到了普通纸上，我们甚至不知道有这回事。它们忠实地服务于人类，一直幸存到今天。那么，你认为哪个更持久，银子还是普通纸张？

这位阿拉伯学者的地图，囊括了12世纪掌握的关于世界的一切。但因当时的知识有限，所以也收进了大量凭空杜撰的东西。

如果人们对某个事物的认识是空白，他们通常会充填自认为应该如此的内容。

伊德列西和罗杰国王的地图包含了许多从未有过的东西。尽管我们能看到其中的谬误，12世纪前却没有人会质疑。

为足不出户者绘制的地图

从来不去任何地方的人,很少会有问题。要么他们认为整个世界就像他们居住的街道,要么他们会相信任何故事,无论什么无稽之谈。

看看这一页上的地图,它是僧侣们的手笔。专为那些宅在家中,不愿旅行,只想大吃大喝,神吹海聊的人画的。僧侣们为足不出户者收集了各种各样的故事,并为他们绘制了地图。这样的地图,即使最鲁莽的人,在出门前也会三思,敢不敢带着它上路。

有一个独腿人的故事。不,不是跛子,整个部落都是独腿。有个旅人告诉僧侣，他们住在印度的一个遥远地方。他们能跳得非常快。下雨的时候，他们把独腿抬起来当雨伞用。

据这些讲述者的离奇故事，印度还是长着狗头和马腿的人的故乡。甚至有一个悲惨的种族没有嘴巴。他们最后居住在恒河边，以气味为食。如果他们出发去旅行，就会把一个苹果塞进衬衫里，因为气味会持久留芳。

根据僧侣的说法，在非洲有一个无头种族。

他们的眼睛、鼻子和耳朵都长在胸前……此外，地图上有巨人。他们的耳朵如此之大，能像毯子一样把自己卷入其中。一个大嘴的部落可以用他们的下唇当遮阳棚。在这张荒诞不经的地图上，出现了童话故事和民间传说中的各种妖怪魔鬼、矮子、巨人和恶龙。因此，安全无虞待在家中的人们可以尽情谈笑，讲述这些在异国他乡等待旅行者的魑魅魍魉。

但即使在中世纪，文化人有时也会翻译一些哲学家的书籍，解释自然现象是如何在没有上帝介入的情况下发生的。随着时间的推移，人们获取的信息越来越多。事实常常会挑战地球是平的这一论断——尽管写在神圣著作中。

后来，随着一个事件的发生，最终证明了地球是圆的。

1519年9月20日，五艘西班牙帆船离开瓜达尔基维尔河口，向西南方向横渡大西洋，前往加那利群岛和巴西。他们的旗舰特立尼达号上乘坐着探险队的指挥官费迪南德·麦哲伦。他曾向西班牙国王承诺，向西航行将到达远东的香料群岛。

三年后，即1522年9月6日，探险队仅存的一艘船维多利亚号，在舵手胡安·塞巴斯蒂安·德·埃尔卡诺的指挥下，驶进瓜达尔基维尔河。它已经绕世界航行了整整一圈。这是有史以来第一次环球航行，最终证明了地球是圆的。

为远行者绘制的地图

当商人在内海航行或留在沿海水域时，大多数船长并不担心地球的形状。但他们离开海岸越远，那些没考虑地球形状的地图就有越多的错误需要纠正。

15世纪是地理大发现的时代。航船不再紧靠海岸线，而是将远渡重洋。这样的旅程需要非凡的勇气，你很快就会明白为什么。

现在每个国家的小学生都知道，地球上无论何处的方位，均可通过两个坐标——经纬度来确定。纬度，即到赤道的距离，以度为单位，从零度到赤道以北或以南90度。看看图示，

你会发现相当简单。

纬度可以从夜晚的北极星高度或中午的太阳高度进行测定。长期以来,水手们都有专用的仪器——六分仪、星盘和象限仪,用它们能从航海船只的甲板上测量天体的高度。

经度有点棘手。经度是我们所在的子午面与本初子午面的夹角。该平面通过英国格林尼治天文台,定义为零度。

本初子午线将世界分为西半球和东半球,各180度(请记住,一个完整的圆等于360度)。而赤道又将其分为两等分。这样,编号从1度到180度的东、西子午线,被定义为本初子午线的东经和西经。看了图,你就会明白。

但如何在茫茫大海中找出经度呢?花了几个世纪才有人找到答案。早期的海员只能确定纬度。

फर्नन मागेलन

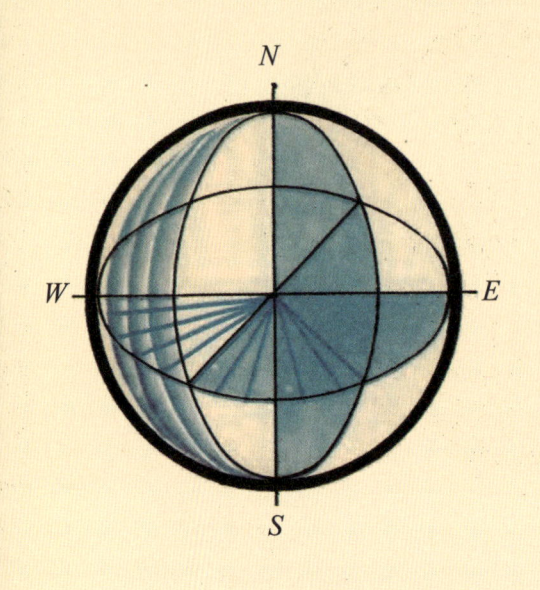

看航海家如何确定航线是很有趣的。

假设需要从葡萄牙向东南方向航行,穿过海洋到达某个岛屿。船长会计算出正午太阳在目的港纬度的高度。他先靠着罗盘的指引向南航行,直至中午太阳达到正确的高度。然后,船长会下令向东转90度,一直沿着这个纬度前进,直到抵达那个岛屿。他能够通过在中午测量太阳高度,来保持船行驶在正确的纬度上。

如果你下国际象棋，就会注意到这很像骑士的移动方式。显然，这不是一艘船的最短路线。

许多国家的政府成立了特别委员会，并承诺对实用的海上经度测定法提供巨额奖赏。然而，没有人找到答案。所有建议的方法都不准确，或过于复杂。

直到天文台表被发明出来，这个问题才得到解决。这是一个非常精准的船钟，可以在整个航程中保持正确的时间，即本初子午线的时间。于是，你能够计算格林尼治标准时间（在本初子午线）和当地时间的差。因为自古以来，任何地方的人都知道何时是（当地时间）中午。

如何将球面坐标转换为地图的平面坐标，这是另一个问题。怎样在一张平面的纸上绘出准确的地图呢？

尝试着在桌子上把气球或足球的外皮摊平。你很快会发现，唯一的办法就是把它切成条状。条带越窄越相合。

但谁会想要切成面条一般的地图呢？使用起来也会相当困难。然而有时候人们确实使用过这样的地图。它们被画在狭窄的楔形上，就像从球面上剥下来一样。人们尝试了各种展开曲面的方法。最终，一个迷人的行业——地图学，就成了自立门户的科学。你无法使曲面展平，所以，制图师不得不接受困境。他们想出了许多不同的投影法：有的以赤道长度为基准，但随着偏离赤道而发生畸变；也有的保持经度不变，但扭曲了大陆的形状和面积；还有些办法试图保持各洲的大小与实际比例；此外等等。

你能看到一些投影法的图示吗？不妨广泛涉猎。也许某一天你们中某个人会成为一名船长，所以你需要记住其中一些投影……

5 10 15 20 25 30 35 40 45 50 55 60
5 10 15 20 25 30 35 40 45 50 55 60 65 70

第五章

从地图到地球仪
地球仪的历史

60

从地图到地球仪

很久以前，大约公元前150年，古希腊哲学家马鲁斯的克拉特斯建造了一个地球模型。那是一个球体。你看，克拉特斯是亚里士多德的信徒和追随者。不幸的是，这个模型没有保存下来。但看到过它的人说，克拉特斯只绘出了被海洋分割的陆地。当然，很难说这种模型是真正的地球仪。因为真的地球仪应该是地球的精确模型，包括当时人们知道的所有大陆和海洋。克拉特斯的地球仪不是模型，只是个象征。虽然后来人们退回到相信地球是平的，但罗马和拜占庭皇帝第一个使用克拉特斯的"海洋束带地球仪"（称为"圣球"），作为他们在世界上的权力象征。罗马人把胜利女神像放在圣球的顶端，而基督徒则代之以十字架。从那时起，圣球成为国王不可或缺的徽记和帝国权力的象征。如今，圣球作为国宝和艺术品，被珍藏在博物馆中。因为它们通常由当时最杰出的艺术家用黄金和珠玉制成。

第一个真正的地球仪出现在15世纪的欧洲。有一次，在德国老城纽伦堡，一个叫马丁·贝海姆的人去看望他的父亲——当地一位布匹商。父母曾希望他接班贸易事业，但马丁已经是一名海员。他通晓数学，成了优秀水手，

并为葡萄牙国王若奥二世服务。国王授予他骑士称号。

当然,这位新晋贵族很想衣锦还乡,向他的家人和邻居炫耀自己在海外的成功。纽伦堡人张大嘴巴,听马丁讲故事。

他曾经"游历了世界的三分之一",乡亲中的大多数甚至没有怀疑过地球是圆的。他们请马丁画一些旅行中的独得之见,留下作为纪念品。马丁欣然同意。

他让乡亲们制作了一个直径一英尺

八英寸的大木球，然后贴好羊皮纸。他在上面画满了耳闻目睹的一切。并在绘图下面写满文字。没有这些笔墨也许会更好。他用红色和黑色墨水写下一些胡编滥造的故事，以至于后来纽伦堡乡亲感到羞于示人，并试图将它隐藏起来。

许多著名的地方，在马丁·贝海姆的地球仪上都画错了纬度。即使最简单的地图，也不会出现这种错误。至于更远的地方，地球仪就越发荒唐了。例如，马丁把一整个群岛放在本应该是美国的地方，还写道，那里住着巨型的人，比普通人大四五倍。他说这些人赤身露体、耳朵长、嘴巴宽、眼睛大而可怕，手臂是正常人的四倍。他让有尾巴的人住到爪哇。在日本，他称之为吉庞的地方，安排了海怪、美人鱼和鱼人。他的地球仪，称为"地球苹果"，被涂上了鲜艳的色彩。每个国家有一个国王坐在宝座上，到处都是旌旗和明亮的挂匾。在当时几乎不为旅行者所知的南半球，马丁写下了他的地球创世史。

马丁·贝海姆的地球仪被其他许多国家效仿。它们昂贵而笨重，对于指津寻路并无大用，但很适于学习导航。如此多的工匠制作地球仪，其中有些极不寻常。我来告诉你一个这样的地球仪。

古代地图

地球仪的历史

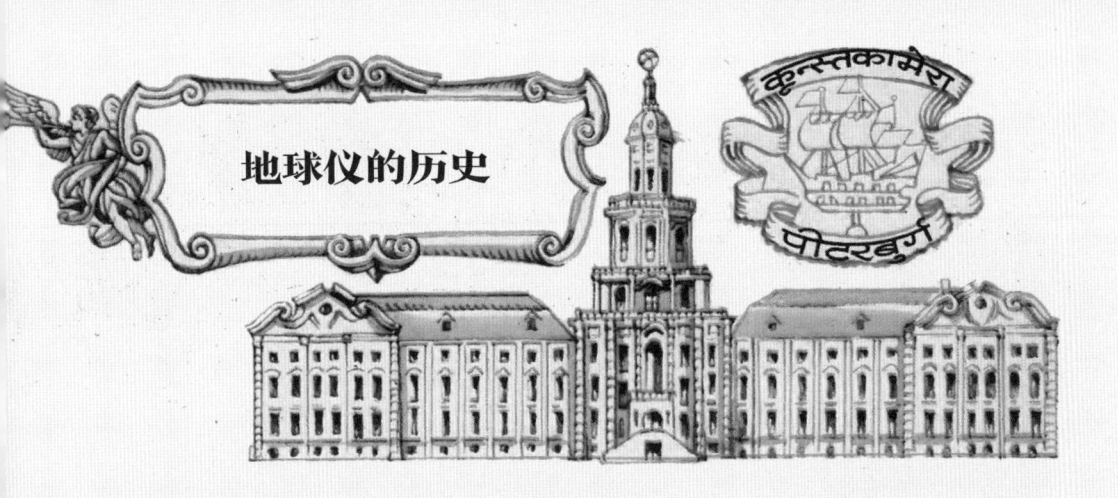

在苏联列宁格勒（今圣彼得堡）的涅瓦河畔，有一座带塔的古老建筑。这便是第一座俄罗斯博物馆——艺术间。塔的五楼有一个巨大的学术地球仪。

让我告诉你它的历史。上面的每处细节，都是由列宁格勒学者鲁道夫·伊茨教授绘成的。

1713年一个深秋的夜晚，明亮的灯光照亮戈托尔夫城堡的窗扉。这里是德国石勒苏益格-荷尔斯泰因公国。城堡坐落在施莱河湾的小岛上，是一处著名的要塞，但正被瑞典军队围攻。俄罗斯军队前来营救公爵，他们联手击退了瑞典人。年轻公爵的摄政王和监护者举办了一场宴会。摄政王得知沙皇彼得大帝就在俄国军官之中，并获悉他对古玩很有兴趣，便带领彼得从一个大厅到另一个大厅，向他展示珍稀之藏。沙皇赞叹不已，却信步而行并不停下。但他突然站住了。一个幽暗高敞的殿堂里，有一个巨大的球体，直径超过3米。它由木头制成，并用纸张装贴，欧洲大陆和当时已知的所有岛屿都在鲜艳的色彩中历历可见。

当主人打开一扇小门,邀请他的客人走进地球仪中时,彼得更加惊羡不已。地球仪的轴穿过中央的一张桌子,四周摆着长椅。墙壁被漆成紫色,上面钉着铜制的星辰。

沙皇太喜欢这个地球仪了。只见摄政王一个手势,地球仪缓缓转动起来,像真的地球一样。沙皇完全着迷了,渴望着能获得它,用来培训俄罗斯水手导航。几天后,彼得收到这个地球仪作为礼物,以答谢他解救围城之恩。你可以想象他是多么高兴。

对于德国地球仪来说,这是一个漫长而艰辛的旅程,花了4年时间才把它运到俄罗斯首都圣彼得堡。首先通过海路,然后装载到一个巨大的马拉雪橇上,穿过森林中砍伐出来的小路,绕过沼地水泽和山谷沟壑。

地球仪终于运抵,被安放在一个特制的展台上。彼得大帝死后,地球仪被转运到刚刚落成的艺术间塔楼。

20年后,一场大火重创了艺术间的收藏,几乎烧毁了地球仪。

很长一段时间找不到人来重建它。最后，俄罗斯工匠蒂留廷斯基在几个副手的协助下完成了这项任务。他制造了一个新的球身，并修复和改进了转动机构。然后，他为赤道和本初子午线套上两个黄色的铜箍。当这一切完成后，艺术家也登场了。重修中有许多改变，因为打从地球仪问世后的 100 年里，发现了许多新的事物。

内墙被漆成天蓝色，星座被小心绘制并镀上金色，星星被钉在上面。地球仪看上去比以前更美了！

1901 年，地球仪被运送到沙皇村（现普希金市）。在卫国战争期间，这座城市被纳粹军队占领。当苏联士兵从入侵者手中解放了普希金市，到处都找不到地球仪的踪影。经过长时间的搜寻，苏联士兵终于在纳粹占领的德国城镇吕贝克发现了它。

于是又一次，就像 200 年前那样，地球仪——这次是蒂留廷斯基地球仪，被装到一艘船上。一座特殊的火车站在阿尔汉格尔斯克港建造起来，把漂泊者送回列宁格勒。1948 年，艺术间塔楼的墙上开了一个洞。一台起重机将俄罗斯工匠制作的硕大地球仪吊到五楼。从那时起，它就在此处长居久安了。

如果你凑巧到列宁格勒，一定要去艺术间看看。保证不会后悔。

第六章

我们的地球有多大
地球像甜瓜还是像苹果

ΡΟΔΟΣ

我们的地球有多大

自古以来，人们就想知道自己星球的形状和大小。许多科学家重复埃拉托色尼的尝试，想找出结果，但他们的答案相差悬殊。波希多尼，一位古希腊哲学家和数学家，率先检测一艘船从罗得岛航行到亚历山大。然后他测量了老人星在夜空的高度，并由此计算出地球的周长。但他的数据不如埃拉托色尼准确。

大约1 000年后，在公元9世纪，遵照哈里发阿卜杜拉·马蒙的命令，一些美索不达米亚的阿拉伯科学家勉力以求，但他们的计算数据丢失了。

还有一些其他尝试。

16世纪，一位法国医生在车轮上安装一个计数器，记下从巴黎到亚眠之间轮子转动的圈数。他用木制三角尺在旅程起点和终点精确测量了太阳高度，试图由此估算出地球的周长。但崎岖的路况和粗糙的技术毁掉了他的结果。必须有一个更好的测距方法，不受路途坎坷的影响。

又是100年过去了，荷兰数学家和天文学家维利波德·斯奈尔应运而出。他用这样一种方法，称之为"三角测量"，来自拉丁语"三角形"。当你学习三角学后，就会懂得如何操作，是非常有趣的。

没有两个国家使用相同的计量单位，这种状况对谁都绝无好处。法国人使用"土瓦兹"（约6英尺）；英国人用"码"（3英尺）；俄罗斯人是"萨珍"（7英尺）。至于德国人，嗯，德国分成好几个小公国，每次跨过边界时，脚的尺寸都要发生变化。

此外有英里：英国的、美国的，海上的、陆地的，以及俄罗斯的俄里。所有这一切引起了极大的混乱。以至于有人提议，将它们统统换掉，使用单一的体系。法国人提出了四分之一子午线的千万分之一。现在，这成为法国的法定标准尺度。他们把这个单位称作"米"。

地球像甜瓜还是像苹果

你知道甜瓜和苹果的区别吗？不是味道。当然，是形状。两者都是球体，但甜瓜的鼻子和尾巴被拉伸，而苹果被压扁。当然并非每个都如此。大自然可以生长出最奇形怪状的甜瓜和苹果，但我们谈论的是通常的形状。

直到17世纪下半叶，人人都相信地球是一个完美的球体。后来突然产生了怀疑。这一切都因为巴黎科学院在几个不同的点测量子午线弧度。院士们得出的结论是，地球在两极处略微拉长。也就是说，它稍稍像甜瓜。

英国科学家艾萨克·牛顿不能苟同。他计算出地球在两极恰恰是被压扁而不是拉长。荷兰科学家克里斯蒂安·惠更斯支持牛顿，认为地球绕轴自转，必然会稍微变平。为了证明这个观点，他将一大块湿胶泥粘在一根棍子上，然后快速旋转。渐渐地，它在朝苹果的样子变形。

争论越演越烈。法国人断言："地球在两极拉长。"英国人反驳道："扁平化，扁平化。"为了解决争端，只得派出远征队测量子午线。

进一步的研究证明，地球在两极略微变平，但并不均匀。

地球实际的形状，最终在我们的时代被确定。1957年10月4日，苏联发射了第一颗人造地球卫星。

这是向空间进军的开始。在第一次试验之后，苏联运载火箭接二连三地发射，江河一样的信息开始流入远程控制中心的接收单元。

一年后，美国人将他们的第一颗卫星送入轨道。科学家们观察卫星的椭圆轨道时注意到，它们都在北半球上空非常轻微地"下潜"，好像被什么东西吸引住了。尽管北半球一切看起来都很正常。问题是不是在于地球本身？

随着计算机的出色工作和卫星从两个大洲发射，信息迅速积累。很快就找到了答案。卫星探测到了地球两侧的凸起处：在南印度洋和北半球的美国海岸附近。经过多次测量，我们发现地球在北半球稍有伸长，在南半球略显扁平。所以它不像苹果或甜瓜。也许更像只梨，但并不如图片上看到的那样光洁和匀称。它有点歪，表面有瘢痕。

所以你不能真的说它是梨形。现在科学家们已经对地球形状的名字达成共识，叫作"大地水准面"，这个称呼在 18 世纪末被提出，意思就是"大地体"。

这是一个无可辩驳的名字。因为即使我们将来有了更精确的描述，名字也不用更改。

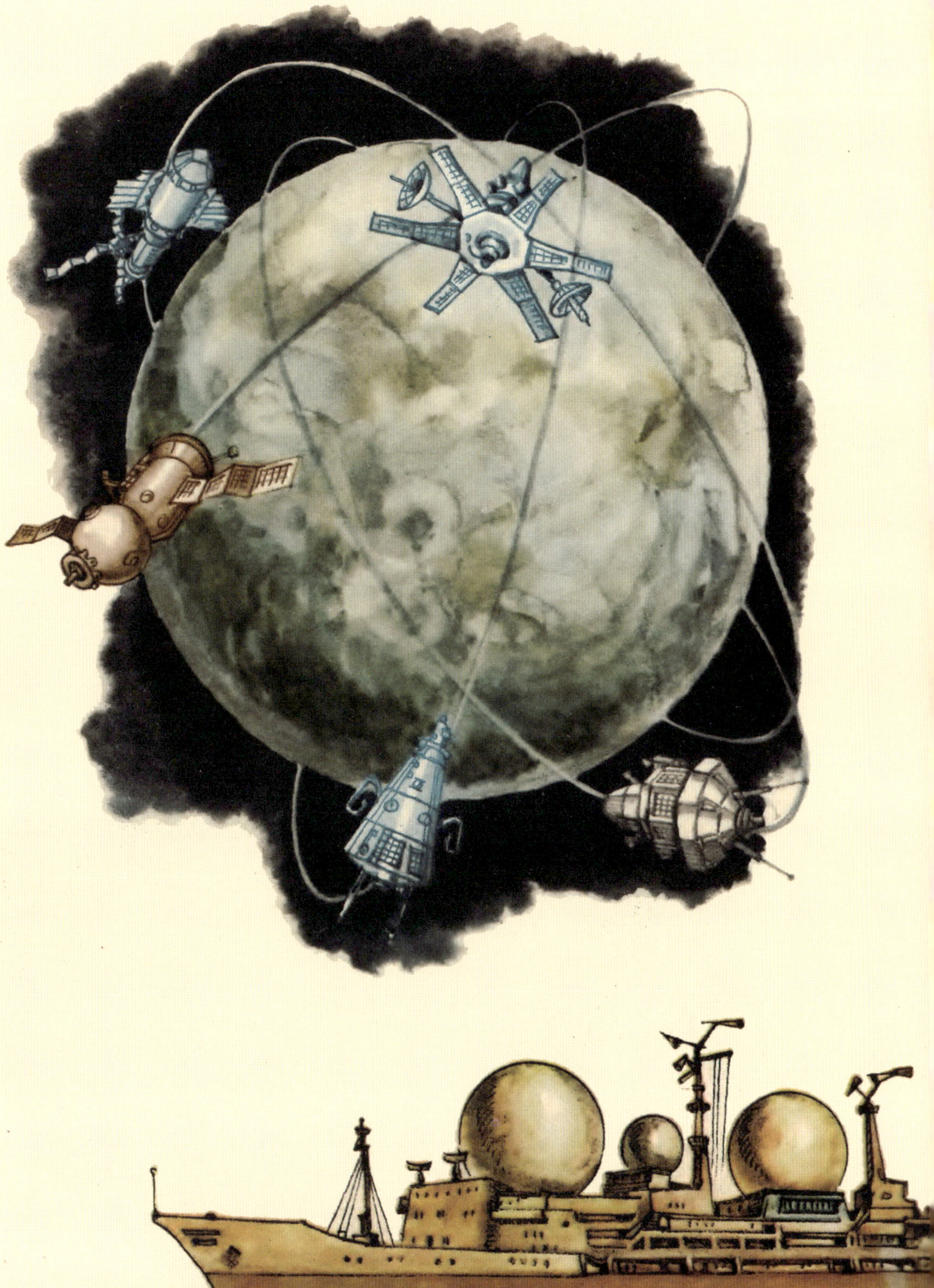

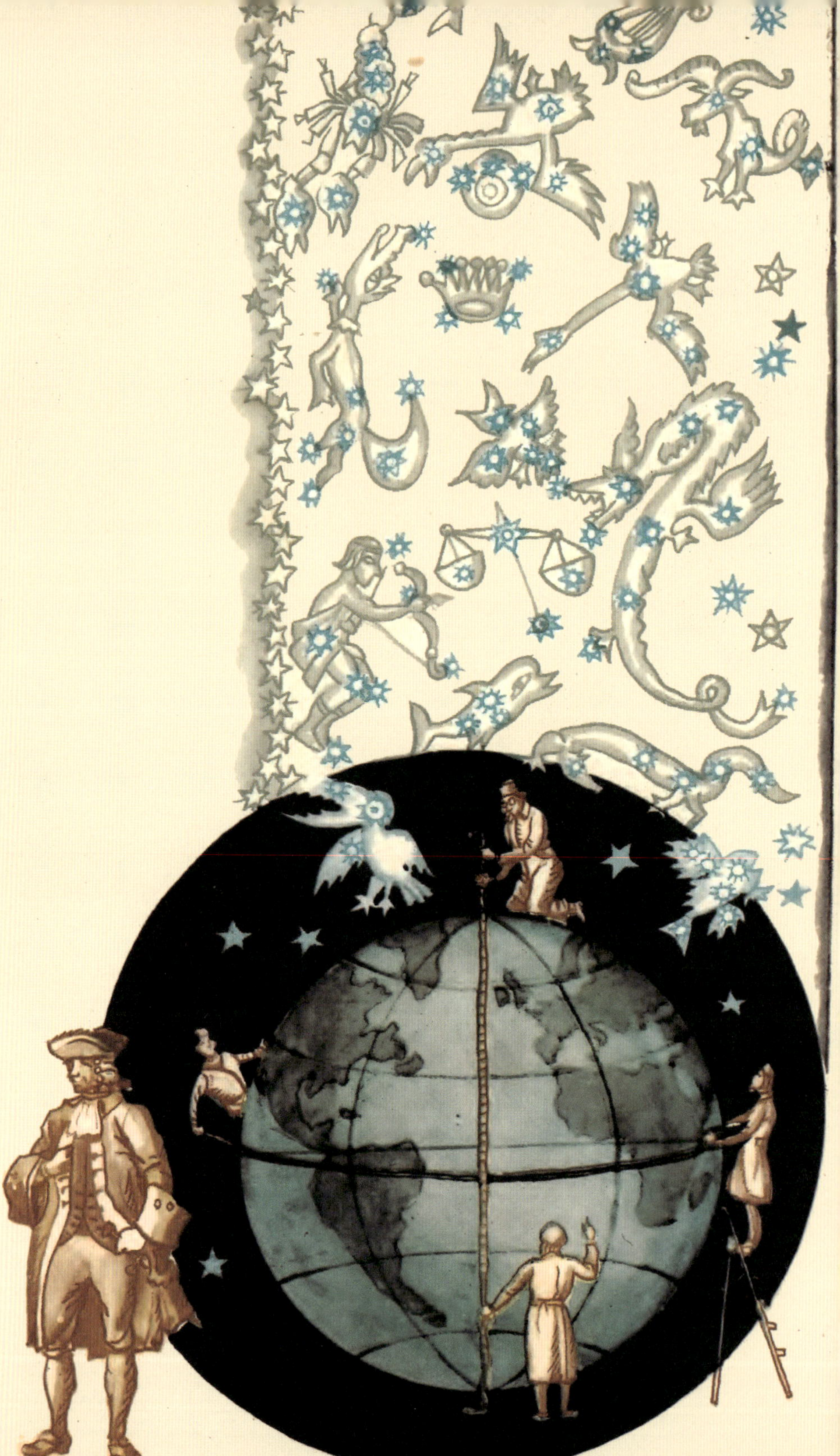

结　语

　　今天我们取地球的极半径为 6 356.8 千米；赤道半径长出 21.3 千米。当然，在如此宏观的尺度下，21 千米也显不出多大区别。但这确实意味着赤道的长度为 40 076 千米，比子午线要长出 67 千米。正如您所赞成的，67 千米是一个相当不近的距离。

　　现在至少可以对我们星球的形状和大小问题给出明确的答案。我们甚至可以回答曾引起地理学家争论的问题："世界上的水和陆地究竟比例如何？"对于那些喜欢精确数字的人来说，这里有答案：地球上有 3.6 亿平方千米的海洋，相当于总面积的 71%。所以只有约 29% 是陆地。

　　如今，我们地球的繁荣昌盛，全靠人类自己。

　　因此，您和我的工作，就是照料好我们的地球，努力让她成为一个更和谐美好、舒适宜居的家园。